寻找生活——环球风格阅览

西亚及北亚地区

GLOBAL STYLE

波斯古韵

目录

目录

Yemen 也门

◤ 也门首都萨那富有当地风格的建筑外墙。

也门位于亚洲最西部的阿拉伯半岛南端，西临红海，北部和沙特阿拉伯接壤，东与阿曼为邻，南濒亚丁湾和阿拉伯海，扼地中海与印度洋交通要冲，仅隔30千米的曼德海峡与埃塞俄比亚和吉布提相望，就像一把弯刀横插在欧亚水上大通道的红海口上。也门境内高原耸立，山谷沙漠对峙，河流海滨蜿蜒，既有干旱荒芜的大漠狂沙，也有海风吹拂的热带风光。

也门的名字在阿拉伯语中，是“富饶幸福的国土”的意思。对于阿拉伯人来说，也门是他们血缘和文明的根基所在。被称为“纯血”的也门人是阿拉伯人的祖先，至今那里的男人们依然头顶缠巾，脚踏船形鞋，以华丽的弯刀

◤墙体看上去宛如雕塑和绘画作品一样美丽，风韵无限。

作为随身配饰。而早在公元前 10 世纪，他们已经为“丝绸之路”建起了繁华的商业城市马里卜，以城市命名的巨石水坝阻截了洪水，让沙漠变为良田，是早期人类文明最可骄傲的奇迹之一。随着商队迁徙的也门人让伊斯兰教义的传播扩张至亚、欧、非三个大陆，最终缔造出盛极一时的阿拉伯帝国，影响至今不息。

也门首都萨那被称为“也门之门”，传说中是诺亚的儿子闪在大洪水之后修建的，迄今已经有超过两千五百年的历史。因为这里地处盆地，四季鲜花怒放，温暖宜人，所以也有“春城”之说。萨那城中完好无缺地保存着大量的清真寺、公共会所和塔楼式住宅，它们大多建于 11 世纪前，楼堂屋宇用石头垒砌而成，层层堆叠，其中青石、白石、黄石占大多数，庄严而又稳固。石墙上雕刻着精美的图案和花纹。窗户的上半部为圆拱形，用窗棱装饰出多种图案，镶嵌着彩色玻璃窗，悦目的褐色墙面以耀眼白色作搭配，

◤ 墙上雕刻着精美的图案和花纹。
◥大量采用石材是也门建筑的传统风格之一。
◣ 半圆形的石膏窗，刻有各样花饰，十分华丽热烈。
◢巨石上的建筑，庄严而稳固。

عقباه بالندم
الجهل

与清真寺圆形穹顶和宣礼尖塔相映生辉。星罗棋布的街道则按公私不同用途划分，从城门到住宅街门，从主要街道到集市，秩序井然，显示出统一的伊斯兰早期的建筑风格体系，与城市周围苍翠的群山组成协调的整体，如画卷般美丽。

丰富的历史沉淀，让也门自然成为了阿拉伯文明的滥觞，在建筑装饰领域表现得尤为突出。作为古代文明的发源地之一，也门拥有世界上最丰富的城市遗迹，且都是最具特色的阿拉伯建筑风格范本，无论在城市规划、建筑样式和细节装饰方面都令人叹为观止。

1982 年就被列为世界文化遗产的希巴姆城是阿拉伯垂直建筑法式最古老的典范，以悬崖上的塔楼闻名于世。由于备受大洪水的侵袭之苦，10 世纪左右，也门人便天才地

◤繁复的几何图案明显来自于阿拉伯文化。

◥阿拉伯人很喜欢在室内设置一个凹形的会客区。

◤传统家具和蛋形壁炉放在一个客厅中，非常配合。

◤卧室用西亚的地毯和织物装饰，在也门较为普遍。

◥不同的几何图案代表一年十二个月，装饰着室内代表天空的蓝色墙面。

◣卫生间用蓝白两色装饰，镜箱则用白色的铸铁制作。

◢也门贵族的室内游泳池，到处可见阿拉伯的设计符号。

创造出了高耸密集的多层土坯建筑样式，建筑物都建在山上，自上而下，逐渐加宽，用白色的雪花石膏屋顶抵挡季风时节暴雨的冲刷，墙角也涂有专门的防水材料，狭窄封闭的房屋从3层以上才开始有门窗的装饰。街道布局极尽蜿蜒曲折，无论从那个角度都无法取得饱览全城的视角，坚固的城墙将整个城市牢牢地包裹起来，显示出坚不可摧的要塞气派。当夕阳西下的余晖照耀在这一片从沙漠中央拔地而起的摩天城堡上时，海市蜃楼便有了最恰当不过的现实注脚。

宰比德(Zabid)是伊斯兰教世界中极其重要的学术之都，以包罗万象的神学、法学、医学、史学、诗学、农学、冶金学成就著称。城中有穆斯林学院、清真寺等建筑两百多处，宗教色彩浓烈。建筑物多由烧制的砖砌就，外面涂以白粉，非常适合伊斯兰装饰建筑的几何学图画和书法纹样，有雕花的木门，石刻的墙壁，彩绘的屋顶。宰比德的民宅也很

具特色，不足2米的小巷像迷宫一样，幢幢民居仿佛重叠在一起。外观简朴，但室内装修和家具都非常豪华。纯正的阿拉伯风情中，也夹杂点缀着许多趣致的圆形茅草屋顶的泥砖房屋，生动地显示出红海对岸北非的风情神韵。

总揽也门的建筑风格，厚墙小窗、居高临下、又细又高的塔楼是最显著的特色。从城市到乡村，很多建筑物都建在高地和山坡上，用大块的正方形石头砌成的厚墙上凿出极小的窗孔，一排又一排积木般高高地叠搭在一起。清晨雾霭中，若隐若现，像似神仙境地。夜幕降临时，人间灯火和繁星交为一体，仿佛天上的街市，美不胜收。在每一栋建筑物中，房间的等级按楼层划分，最高处最尊贵，留给家族中成年的男子或远道来的贵宾，而根据伊斯兰的教义，即便在极高处，为妇女设置的眺望露台也必须以花隔窗封闭起来。

◤色彩明快的方块形坐椅叠放在一起，使空间增添了活泼气氛。

◢起居室一角的壁炉，配以当地风格的泥塑和磁盘。

◤浴槽边的字母ART，非常形象地说明了室主的身份，室中的一切都师法自然，正是当地人崇尚自然的生活形态。

从装饰风格细节着眼，也门风格中最突出的元素是被世人称为“也门窗”的，镶有彩色玻璃的半圆拱券石膏花窗。也门窗具有非常生动的装饰效果，白天阳光透过彩色玻璃在室内形成五彩斑斓的图案，并随着光线衍生出许多丰富的变化，夜晚室内灯光映射在彩色玻璃上，又让城市黛青色的天空平添许多靡丽的光彩，因此特别受到也门人的喜爱。也门窗的外形在墙面上形成一个个半圆形的拱券，并用不同的石头勾勒出边框，也有的只有半圆拱券，没有也门窗，还有的将拱廊和半圆形栏杆结合起来，上下呼应，产生别致的序列美感，与建筑物融为一体，相映生辉。

也门风格的另一特征元素是彩色石材的镶拼装饰。由于境内火成岩资源丰富，盛产各种色彩的石料，因此石材称为也门人最擅长的建筑用材，红、黄、绿、白都很常用。一种黑色且表面多孔的“哈巴希石”是他们最喜爱的，高贵的装饰材料，无论是宗教建筑、民居或公共建筑，都有

◤天花的设计既有地域感又富有创意。

◥墙壁上刻有许多象形图案，土质的墙体朴实无华，地域特色浓郁至极。

◣浅黄、浅绿的色彩，拱形的门洞，表现出十足的阿拉伯风格。

◢彩色石材的镶拼装饰正是也门的风情。

018

◥一个小型的休闲区，圆拱形的天花下松软的沙发靠垫营造了一个温馨浪漫的所在。

◤墙、地面、水池的材质虽然十分粗糙，但设计感非常强烈。

用彩色石头或哈巴希石在外墙编织各种精美的图案，或是画龙点睛地在窗、楣、檐头、勒脚及外墙阳角处用哈巴希石装饰。也有的整栋建筑外墙全是用不同色的石料拼成几何图案，繁复美丽。在装饰纹样方面，也门风格体现出了所有的阿拉伯传统的审美偏好：华丽交错的植物花卉，变化多端的几何图案，优雅飘逸的文字符号……。

Oman
阿曼

◤于 2001 年修建完成的苏丹卡布斯大清真寺是阿曼最知名的建筑之一，堪称阿曼传统工艺和现代设计的完美结合。

◣苏丹卡布斯大清真寺设计上一反常态，采用最正统的伊斯兰建筑的开孔方式，尖拱、马蹄拱或多叶拱等形式多样，庄严华贵。

阿曼是阿曼苏丹国（Sultanate of Oman）的简称，国家名称在历史上几经变化，曾有“马甘”（Magan）、“马遵”（Mazun）等名，每一次变化都代表着一次国家政权和人民归属的交替。1507 年起，古老的阿曼先后为葡萄牙和波斯所侵占，1749 年终结了波斯入侵后，阿曼建立了国名为“马斯喀特苏丹国”的赛义德王朝。19 世纪起英国人控制了阿曼，1920 年阿曼分裂为“马斯喀特苏丹国”和“阿曼伊斯兰教长国”。1967 年，前任苏丹赛义德·本·泰穆尔重新统一了阿曼全境，国名再次被改为“马斯喀特和阿曼苏丹国”。1970 年赛义德的儿子，现任苏丹卡布斯·本·赛义德发动政变，废父登基，宣布改国名为“阿曼苏丹国”，并沿用至今。

1973 年，英国军队撤出阿曼国，象征着这片国土实现了真正的独立。

从阿曼国名的频繁更迭可以看出不同势力和政权流派对这片土地的喜爱程度，“马遵”之名就是因为在古代，阿曼是被海洋和沙漠包围的绿洲，比起相邻的阿拉伯国家有着更丰富的水资源，所以传统的农业得以保持和发展。如今阿曼的年均降水量约为 130 毫米，只有 15% 可以渗入地下，仍然属于世界干旱地区之一。所以在卡布斯苏丹的现代化发展计划中，首要解决的就是水资源利用问题。古代阿拉伯人民在没有任何机械设施的情况下，就建成了地下灌渠系统饮水灌溉庄稼，现代阿曼人更是对雨水、地下水、泉水和海水都进行了充分的开发利用。

如果说阿拉伯半岛像一只靴子，那么阿曼就是靴尖。这个阿拉伯半岛最古老的国家之一，其古代文明至少可以追溯到 5000 年以前。虽然在后来漫长的历史中历经奴役和战乱，但近几十年的革新发展，让这个古老的国家和地区

◥阿勒阿拉姆宫，宫殿有 200 多年的历史。

◢马斯喀特埃及博物馆。

◣建筑保存了伊斯兰风格的神韵。

再次欣欣向荣起来，就像它的名字在阿拉伯语中的意思，不再动荡不安，重现那片“宁静的土地”。阿曼位于阿拉伯半岛东南部，濒临阿曼海和阿拉伯海，海岸线长达 1600 千米，国土面积 30.95 万平方千米。西北紧邻阿联酋，西接沙特阿拉伯，西南与也门接壤，地处波斯湾通往印度洋的要道。除沿海的部分绿洲外，全境以低高原为主，中部平原多为沙漠。虽然大部分气候属热带沙漠，但高山和沿海地区均温暖舒适，温泉和冷泉均很有名，雨季时是阿拉伯国家旅游者避暑的绿色天堂。优越的地理位置，让阿曼人很早就活跃在航海和区域贸易领域。世界名著《一千零一夜》中航海冒险家辛巴达的原型——艾布·欧贝德·卡赛姆就来自阿曼，他也是至今资料可见的最早到达中国的阿拉伯人。阿曼卓越的造船技术成就了辛巴达的传奇，也使阿曼在公元前 2000 年就成为阿拉伯半岛的造船中心。虽然在海湾地区，阿曼的石油资源不算很丰富，但海湾各国的石油产品约 90% 需要经过部分位于阿曼领海内的航线输送到世界各地。

◤精美的玻璃工艺品在大门处尤显玲珑剔透。

◢地面的几何纹样是断然独创的东西，由于无始无终的折线组合，转瞬间即现出了无限变化。

丰富多变的自然环境孕育出多元开放的文化传统。在伊斯兰教兴起前，阿拉伯半岛并不是一个统一的政治、经济和文化实体，部落在社会生活中占据主导地位。阿曼人的宗教信仰也表现出多元的文化形态，流行的宗教包括基督教、拜火教和原始图腾崇拜等。大约公元630年，先知穆罕默德派能言善辩的特使阿慕尔（Amr）来到阿曼游说当时的两个联合执政者，阿曼遂成为世界上最早信仰伊斯兰教的地区之一，甚至由此引发阿曼和波斯军队的战争。现在阿曼全国大多数居民都信奉伊斯兰教，约3/4为伊巴德派，1/4属逊尼派。

1000多年的浸染，使阿曼的文化和习俗多受伊斯兰文化的影响，包括建筑风格和室内设计。伊斯兰建筑外观形式极其丰富，奇想纵横，庄重而富变化，雄健不失雅致。堪称世界建筑中之外观最富变化、设计手法最为奇巧的流派。在不同的时间和地区，风格也不近相同。阿曼现在保留下来的古代建筑大多风格古朴，造型方正端庄，那是战乱和政权纷争带来的抵御外侮的古堡和城垒，称阿曼为"古堡之国"实不为过，光是境内大小堡垒便有五百座之多，往往一个停靠、一个远眺，便会发现堡垒踪迹。过去习惯用泥土、沙子及石材建造屋舍，体量较大，墙体也较厚，即使是私有住宅，也往往修建得敦厚稳重，建筑的外层结构比较坚固，门窗都较小，为的是防卫和保护私有空间。几百上千年下来，能完整保存的并不多，墙体也大多呈现沙土和石材原本的颜色。虽然"衣着"不再光鲜，可老建筑的结构和气度仍然带着迟暮英雄般的悲凉与浪漫，默默伫立守护着阿曼现在的和平。

◤阿曼建筑的墙壁比较厚重，因此内部经常可以直接在墙壁上挖出龛笼，既可放置物品或供奉神佛，也起到墙壁的装饰作用。

◥在阿曼的建筑及居室中，带有浓郁阿拉伯风味的美丽纹样随处可见，不仅在居室四壁上，也在内部的软装饰和家具用品上。

◣卧室的床具具有强烈伊斯兰风格的镂空雕花精美绝伦。

◢伊斯兰建筑多弱化建筑外观，注重内部修饰。

知名的古堡多分布在尼兹瓦（Nizwa）、苏哈尔（Sohar）和巴赫拉（Bahla）等地区，这些伟大的古建筑证明了古老阿曼人的智慧与建筑技术，也证明阿曼人过去不只是游牧人，也是城市人。熟石膏结构、复杂的信道及精密的镶嵌技术都是阿曼绝佳建筑技术的证明，另如拱型窗户、木制的活动遮阳窗、雕刻的门窗等，不只旧建筑被保存下来，新建筑也运用了这些古老传统的美丽技艺。阿曼的近现代建筑延续了朴实厚重的传统，外观更加简洁大方，色调以白色和米色为主。即使是一些现代的时尚旅游地产项目，也仅在线条上略作改进，整体仍保持端庄静穆的风度，比如 GHM 酒店集团旗下知名的度假村品牌切蒂（The Chedi）位于阿曼首都马斯喀特（Muscat）的酒店。

马赛克排列出几何纹路，非常精细。

阿曼建筑中的穹隆保持了伊斯兰建筑看似粗漫却韵味

只需一盏古朴的方形吊灯，历史的味道毕现。

◤赭红色的墙壁脱落出水墨丹青的味道，水蓝色的窗棂斑驳出历史的痕迹。

◢墙面变化多样，室内陈旧的木艺，还有古老的挂毯，共同营造出了一个神秘美丽的阿拉伯世界。

十足的传统。门和窗等开孔面积都不大，形式非常丰富。伊斯兰建筑的开孔一般都是尖拱、马蹄拱或多叶拱，正半圆拱、圆弧拱仅在不重要的部分使用，不过在阿曼的建筑中，更多见到的是简洁的半圆拱或圆弧拱，可见阿曼的建筑风格保存的是伊斯兰建筑文化中最为古朴和简洁的那部分。纹样方面则全面呈现了伊斯兰文化世界的博大精深、变化多样，包括动物纹样、植物纹样、几何纹样还有文字纹样，题材、构图、描线、敷彩皆有匠心独运之处。

阿曼境内拥有五项世界文化遗产，包括巴赫拉堡（Bahla Fort）、巴特（Archaeological Sites of Bat）、库特姆和亚恩遗迹（Al-Khutm and Al-Ayn）、阿曼水道法拉吉系统和阿曼乳香之路（The Frankincense Trail）。巴赫拉堡是一个用城墙隔成的三角形城堡，坐落于内地地区的巴赫拉区，建立在至今1400多年前。巴特、库特姆及亚恩遗迹建于约公元前3000年，位于阿曼北部，距马斯喀特西南约210千米，

马斯喀特凯悦大酒店。

伊斯兰建筑的精髓就在墙壁、天花和门窗的雕凿和纹样上。

几何纹和花纹的结合构成了特殊的形态，并且以一个纹样为单位，反复连续使用即构成了著名的阿拉伯式花样。

伊斯兰建筑很多都表现对知识和信仰的热忱。

一片素色之中，海蓝色顿时成为亮点。

以历史悠久、文物众多著称于世。因为这三处遗址是同时代的产物，所以有许多共同之处，都有房舍、仓库、坟墓和圆形的塔楼等，房舍造型奇特，多用坚硬的石块垒成。房门上精雕细刻着多种图案，图案上有放牧的牧民、剽悍的猎手、温驯的沙漠之舟骆驼和凶猛的野牛等。遗址的仓库也很别致，呈圆筒形，高约3米，没有门，存取物品时须从顶部揭开盖子。当时这种仓库是否用于蓄水，目前尚无法考证。如果说著名的水道系统法拉吉源于阿曼人对水资源的渴望，而乳香之路则是上天赐给阿曼的珍贵礼物。乳香是芳香树胶的一种，被埃及、希腊和罗马人用于宗教仪式和防腐，自古以来，便是一种极其昂贵、奢侈的香料，受到古埃及人和罗马人的高度赞美。

阿曼拥有众多历史悠久的城市，无论首都马斯喀特，还是传统首都尼兹瓦古城，都是寻访古朴悠远的阿曼文化的好去处。如今的阿曼不仅是一片宁静的土地，更是一片美丽的国度。

United Arab Emirates

阿联酋

◤ 傲视全球的七星级酒店——Burj Al Arab。酒店建在海滨的一个人工岛上，是一个帆船形的塔状建筑，一共五十六层，321米高，由英国设计师阿特金斯设计，因此它也被称为“帆船酒店”。酒店采用双层膜结构建筑形式，造型轻盈、飘逸，具有很强的膜结构特点及现代风格，内饰糅合了浓烈的伊斯兰风格和极尽奢华的装饰，堪称一绝。

阿联酋 (U.A.E) 全名阿拉伯联合酋长国 (UNITED ARAB EMIRATES)，由被称为“油海七珍”的阿布扎比 (Abu Dhabi)、迪拜 (Dubai)、沙迦 (ash-Shariqah 或 Sharjah)、阿治曼 (Ajman)、乌姆盖万 (Umm al-Qaiwain)、哈伊马角 (Ras al-Khaimah)、富查伊拉 (Fujairah) 七个酋长国组成联邦国家，是第二次世界大战后阿拉伯世界唯一现存的国家统一联合体。地处世界上最大的半岛——阿拉伯半岛东部的阿联酋，陆地形状犹如半张展平的山羊皮。它北濒波斯湾，西北与卡塔尔为邻，西部和西南与沙特阿拉伯交界，东部和东北同阿曼毗连，东临霍尔木兹海峡和阿曼湾，自古以来便是东西方交通枢纽。阿联酋海岸线长 734 千米，除哈伊马角北部沿海因连接哈贾尔山脉而多山石之外，其沿海地区大部分为沙滩，有大小岛屿两百多个，还有众多的珊瑚礁，这为珊瑚贝提供了适宜的栖息地。海湾珍珠，久负盛誉，沙漠上的明珠也确实实至名归。

那是个见证奇迹的地方。一座座标新立异、堪称人类奇观的建筑吸引着世界各地的眼球，使其在沙漠中犹如明

珠一般熠熠生辉。在历史上，阿联酋同昔日的阿曼、波斯（今伊朗）及两河流域南部苏美尔奴隶制城邦国家（公元前3000—前2500年代）有着数千年的渊源关系。距今四千年前，在地中海沿岸定居的腓尼基人极善航海、经商，被古埃及法老王称为“地中海上的马车夫”。当时，有一部分腓尼基人经阿曼海岸迁居海湾地区，组成了由谢赫（Sheikh，阿拉伯语，意谓酋长）领导的部落社会，公元6世纪，随阿曼被波斯人征服，7世纪并入阿拉伯帝国。到16世纪初，随着大航海时代的到来，葡萄牙、荷兰、法国等殖民者相继侵入，直至1819年，这一年英国入侵波斯湾，第二年强迫各酋长签订“永久休战条约”，从此阿联酋被称为“特鲁西尔阿曼（Trucial Oman）”，意为“休战的阿曼”，当地人自称为酋长国（Emirates）。此后该地区逐步沦为英国的“保护国”。第二次世界大战后，民族解放运动高涨，1971年3月1日，英国宣布同海湾诸酋长国签订的所有条约于同年年底终止，同年12月2日，阿布扎比、迪拜、沙迦、乌姆盖万、阿治曼、富查伊拉六个酋长国组成阿拉伯联合酋长国。1972年2月11日，哈伊马角酋长国加入阿联酋。

阿联酋的建筑风格融传统、现代于一体，这是该国近二十年来鼓励人们建筑现代楼房的同时，保护和修复古老房屋的结果。迪拜博物馆便是绝佳的案例，并因此得到各方人士的认可。迪拜博物馆位于修复后的阿法迪城堡（Al Fahidi Fort）之中。阿法迪城堡建于1787年，是迄今迪拜现存最古老的建筑物，除了作为防御外侮之用，在不同时期，还被用作酋长居所、宫殿、军火库甚至监狱。1971年阿联酋成立之际，迪拜博物馆也在同年诞生，馆内收集了大量

◤五星级的巴伯艾莎姆度假村位于郊区，巴伯艾莎姆的阿拉伯文之意是“通往太阳之路”，暗示了它位于骄阳烈日下的沙漠地带。

◥墙面上装饰着一条条悬垂着的羊毛织毯，极为特别，在夜幕时分的挂灯下闪烁着异国世界的浪漫情怀。

◣墙面浑黄单一的暖色调与靠垫繁复错综的间隔色得到了完美的融合。

◢壁灯、器皿、木质雕花装饰物，样样都散发着神秘的中东风情，让人仿佛进入了传说中《一千零一夜》的世界。

反映迪拜历史和文明发展过程的文物，政府希望通过这座博物馆来保存因为现代化而快速消亡的阿拉伯文化。阿法迪城堡修复后显得更加富丽堂皇、古色古香，与周围新建的西式现代楼房的钢镶板和玻璃建筑饰品交相辉映；城堡内部的建筑结构元素是传统的风塔和木桶。现代和传统就在这里交融。

令世人瞩目的世界第一高迪拜塔共有一百六十层，总高 828 米，已然成为阿联酋的地标建筑。迪拜塔的建筑设计以单式结构，由连为一体的管状多塔组成，基座周围采用富有伊斯兰建筑风格的几何图形——六瓣的沙漠之花。楼面为“Y”字形，从基座上升，以上螺旋的模式，减少大楼的剖面，使它更如直往天际，最后逐渐转化成尖塔，感官上有较大的视觉享受。迪拜酋长穆罕默德（Sheikh Mohammed）在他的专著《我的愿景》（《MY VISION》）中写道：只要早晨第一道曙光出现，不论你是狮子还是羚羊，你一定要跑得比对方快，才能活命。所以我们跑，为胜利而跑。可见，奔跑中的迪拜在用新建筑征服世界的同时，

◤素雅的室内设计，宁静的空间氛围，给人以返璞归真的感觉。

◢阿拉伯的传统纹样在套房内的地毯、墙面、靠垫等细节中随处可见，整体的火红暖色调给人以温暖而炽热的存在感。

◤深蓝色的地毯，金碧辉煌的装饰弥漫着浓郁典雅的阿拉伯风情。

◢堪称世界上最高的中庭华丽且气势恢弘，设计师营造出荧蓝色的氛围，让人仿佛置身海王波塞冬的宫殿，与整个建筑的样貌也形成了一种呼应。

并未忘记保存伊斯兰传统。

阿联酋是一个典型的阿拉伯国家，以伊斯兰文化为主要根基，因此清真寺建筑在阿联酋具有特殊的意义。穆斯林认为房舍是为了今生短暂的无关紧要的生活而建造的，但清真寺不同，所以有“一切清真寺，都是真主的”说法。茱美拉 (Jumeirah) 清真寺是迪拜一处显眼的地标，被誉为世界上最美的清真寺之一，它白色带菠萝纹的圆顶，高高在上的尖塔，都宣示着《古兰经》的庄严与肃穆。首都阿布扎比的谢赫·扎伊德 (Sheikh Zayed) 清真寺又名大清真寺，是阿联酋最大的清真寺，它以阿联酋国父谢赫·扎伊德的名字命名。大清真寺建立在 9.5 米高的小山丘上，远远就可看到它洁白典雅的外观，特别是在蔚蓝的晴空下，显得非常庄严圣洁。整座清真寺全部用意大利进口大理石材建造完成，其中最主要的圆顶有 75 米高、直径 32.2 米，是全球拥有最大圆顶的清真寺。在清真寺内部，数以万计的宝石、彩瓷、贝壳被镶嵌在大理石柱壁墙中，兼以充满伊斯兰风

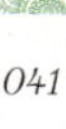

情的雕花与纹饰，雅致而不落俗套。值得一提的是祈祷大厅内铺设的波斯地毯，是由伊朗东部以制作手工地毯闻名的呼罗珊（Khorasan）地区的一千二百多名妇女花了两年时间才编织完成的，耗资超过850万美元，是全世界最大的手工波斯地毯。阿联酋最古老的清真寺——阿尔巴迪雅(Al Badiya)清真寺则已有五百六十多年的历史，它坐落在拥有黑色沙滩的富查伊拉（Fujairah），造型独特，寺中有两座可眺望清真寺及阿尔巴迪雅绿洲村庄的葡式远望台，该远望台的起源可回溯到1498年葡萄牙殖民时期。

不同于迪拜举世闻名的奢华，作为阿联酋第三大酋长国的沙迦也拥有更多显示浓郁阿拉伯和伊斯兰文化的建筑，东西方文化在这里碰撞，产生出复杂而富于诱惑的魔力。“微笑吧，你正在沙迦”是很久以前就流传在沙迦的看得见的格言。沙迦被公认为是海湾地区文化的首府，除了拥有大

◤精致的伊朗手工地毯，古朴的储物柜以及伊斯兰世界特有的雕花纹路器皿，营造出了空间上无以名状的层次感。

◥将墙面做成展示柜，各种奢华的工艺品提升了空间品位。

◣金碧辉煌的大厅，展现的是阿拉伯人奢侈的象征。

◢红、绿、白的色彩撞击，宽大的空间相当有气势。

◤套房内的装饰弥漫着阿拉伯世界浪漫的异域情调，家居陈设则符合现代人舒适、便捷的需要。

◢双排的窗台令整个高敞的休息区域更加明亮。

大小小二十四家博物馆之外，这里还保留了大量伊斯兰古建筑。在这个白色的世界里，穿梭在阿拉伯人的白袍间，你随处可领略到伊斯兰世界的纯净。

上海世博会上的阿联酋馆，完全模拟沙漠地带绵延起伏的沙丘热浪，流光溢彩的外观如烈焰红唇，建筑的质地与光影的交错构成了流动的光感。最难得的是，阿联酋馆是一座真正可循环利用的世博会展馆，世博会后，将被整体拆卸运回阿联酋国内，作为文化中心重建并长期使用。可以预见的是，阿联酋除了在建筑上，还打定了心思要在艺术上有所作为。阿布扎比是阿联酋的首都，是阿联酋最大最富有的酋长国，阿联酋的“黑金”石油大多在阿布扎比。跟“招摇”的迪拜相比，阿布扎比要低调得多，它比迪拜更安静，也更富有艺术气质。

新旧的融合是任何地方都不能避免的课题。阿联酋建筑的传统风格主要有三个特点：第一，如大多数伊斯兰城市中的情况一样，建筑物之间的距离比较近，这就形成了

◥位于帆船酒店18楼的Assawan Spa & Health Club水疗健身俱乐部。

◤蓝色、白色、橘色为主色调，构建出阿拉伯世界特有的梦幻天幕，令人目眩神迷。

一些狭窄的南北走向的街道或巷道，其尽头一般都是小河或小溪。这样，人们就可避免太阳光的直射，并且享受到来自北方的风的吹拂。风在通过狭窄的巷道时被加速，使人备感凉爽。第二，四合院的房间都有走廊通向中间的庭院，其热气向空中散发的同时，四周的凉风便会向庭院吹来。第三，其建筑中有风塔，起着通风管道的作用。这些特点令新建筑也具有了十分鲜明的传统风格。现在，在一些游客罕至的小村庄，风塔和屏蔽道等体现古典美的建筑仍然是“主旋律”，与典型的石头小屋、牛棚、在附近丛林中吃草的骆驼、牛和羊构成一幅幅迷人的图画。

层出不穷的建筑仿佛是一座座标杆，记录着阿联酋一路走来的憧憬和誓言。纵然经历了一千零一夜的跌宕起伏，沙漠特有的玫红色和热浪如何变换着梦想，这里仍然是最值得期待的迷失之地。

Qatar 卡塔尔

◤位于多哈西岸的Katara文化村中有很多伊斯兰古典风格的建筑。
◣位于多哈的伊斯兰博物馆，由贝聿铭设计。

很多人真正知道卡塔尔是始于2006年的多哈亚运会，一夜之间突然发现大漠瀚海长河落日的西域还藏着这样一个美丽的国度，如同漫天风沙后海市蜃楼般出现的绿洲，让人禁不住就想立刻背起行囊飞奔而去，感受一番别样浪漫的阿拉伯风情。沙漠那头的卡塔尔，位于亚洲西部阿拉伯半岛的东部，国土由卡塔尔半岛和附近的一系列小岛组成，除了西南端与阿拉伯半岛上的沙特阿拉伯相连之外，其余部分都深入波斯湾，从飞机上看下去，很像一滴水珠落在阿拉伯海中，与伊朗、巴林和阿联酋隔海相望，正合了卡塔尔的名字：在阿拉伯语中，卡塔尔是“水滴”和“雨点”的意思，后来西方人也就照着这个名字的译音来称呼它了。

卡塔尔的历史悠久，古代居民的遗迹可以追溯到新石器时代，考古出土的文物表明，在公元前 5500 年前后半岛的东西海岸都已经出现了成熟的人类文明，他们以捕鱼狩猎收割野生的谷物为生。公元前 3500 年后，两河流域的美索不达米亚文明和尼罗河流域的埃及文明相继兴起，卡塔尔半岛所在海湾地区正好成为这两大文明的交汇点，成为繁盛兴旺的商贸重地，苏美尔人、巴比伦人都在这里留下了浓墨重彩的痕迹。进入铁器时代之后，半岛原住民在游牧、航海和贸易中达到了新的文明高度，公元前 5 世纪，希腊历史学家希罗多德在他的著作中，将这些原住民描述为后来迁居地中海东岸的迦南人和善于航海的腓尼基人的祖先，稍后托勒密则首度把卡塔尔的名字标注在了他的航海图上，卡塔尔由此正式得名。

卡塔尔在希腊时代一直在塞琉古王国的统治之下，其后是帕提亚的安息人，再后萨珊王朝的波斯人，卡塔尔作

◥现代化的建筑，装饰的重点落在传统大门上精致的镂空金属雕刻，是卡塔尔典型的建筑风格。

◣美丽的海湾和渔船，和后景现代化的城市天际线形成强烈的对比，这就是卡塔尔的特色。

为商道上的重要一环，负责为欧洲和亚洲提供两种奢侈品：颜料和珍珠。公元 622 年，伊斯兰的先知穆罕默德的教义从麦加开始向整个阿拉伯半岛传播，628 年卡塔尔在当时的统治者巴林塔米米的带领下皈依成为穆斯林，从此伊斯兰文化在卡塔尔扎下根基，直到今天。进入伊斯兰纪元后，卡塔尔的声誉日隆，以骏马、骆驼、毛织斗篷和珍珠闻名于世——那个《一千零一夜》中水手辛巴达生活的世界。

在历经伊斯兰的倭马亚王朝、阿拔斯王朝、沙特哈撒、阿曼、霍尔木兹等王国的统治后，海湾地区成为欧亚争夺的焦点，1517 年，卡塔尔落入葡萄牙人的势力范围，在稍后的 1555 年被并入奥斯曼土耳其的版图，随即又在英、法、荷、波斯以及阿拉伯半岛内部多方势力的征战杀伐下蹒跚前行。第一次世界大战后，英国从海湾地区的角逐中胜出，在 1916 年以友好保护条约的方式将卡塔尔纳入“保护国”

◤繁复华丽的雕刻装饰。
◥瓷砖是伊斯兰风格中惯用的装饰元素。
◣变化多端的几何纹样使建筑物更加生动美丽。
◢传统的图案经常出现在窗子部位。

◢精细的图案展示着卡塔尔人独一无二的工匠精神。

的范围，直到 1971 年英国从苏伊士运河撤出驻军，1971 年 9 月 3 日卡塔尔宣布独立，成为以“埃米尔”为元首的君主立宪制现代国家。

卡塔尔是个小国，国土面积只有 1 万多平方千米，大部分国土都是干燥缺水的荒漠，属于典型的夏季炎热冬季温暖的热带沙漠气候，自然地理条件可以称得上是非常恶劣。但是自从上世纪 30 年代，在荒漠之下发现了富甲天下的石油和天然气矿藏后，卡塔尔就走上了迅速发展的现代化之路。在大量的资金投入和悉心设计维护之下，花园绿地凭空而出，这片土地的自然环境发生了巨大的改变：有水泉叮咚，有鲜花盛放，有峡湾帆影，更有椰林白沙，和

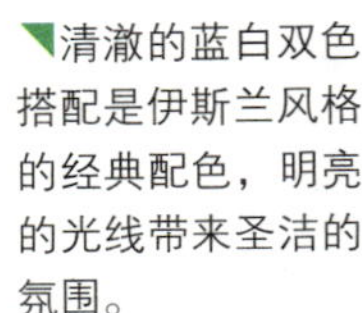

◥清澈的蓝白双色搭配是伊斯兰风格的经典配色，明亮的光线带来圣洁的氛围。

◣富于韵律感的大理石楼梯，扶手的拱形设计来自传统伊斯兰建筑形制，是东西结合的完美范例。

◥内墙的石膏装饰细腻繁复到了华丽的地步，却又因为纯净的白色而丝毫不觉奢靡。

◤几何纹样始终是最受欢迎的。
◥人物肖像点出主人尊贵的身份。
◣镜框的线条组合出富于节奏的动感，让空间有了奇妙的纵深效果。
◢金属工艺更显华丽气质。

风沙中辗转千年历经人事沧桑的卡夫杉、红树林、粉色的红拇指花、淡黄的风信子和圆润起伏如蘑菇的灰白色石灰岩小山相互映衬，造就出今日卡塔尔的传奇和美丽。

热爱自己民族历史和文化的卡塔尔人，在城市的建设中完美地做到了传统和现代的结合。考古证据表明，远古时期的卡塔尔原住民居住在红树枝搭建的小棚屋里，这种在沼泽地带生长的卡塔尔红树耐盐耐碱，质地坚实紧密，在恶劣的自然条件里也能成林，是卡塔尔人建筑和工具的主要原材料。在现代建筑发展之前，人们一直以树干构架，泥砖砌墙，石灰抹壁，屋顶用树枝叶覆盖而成。因为红树矮小，所以卡塔尔的民居也多矮小，由数个相连的小屋组成辐射圆环状的庭院，门朝着中心的花园，窗子也是少而小，以避免风沙和阳光直射，而大门也是低矮，以访客低头俯首进入为对主人的尊重和礼貌。这种传统一直到今天仍然

影响着卡塔尔的现代建筑装饰风格。

今天，作为阿拉伯世界中西化开放程度较大的国家，卡塔尔的民居则多为现代化的别墅和庭院式住宅，虽然在结构和材料上已经完全同步于西方现代建筑，但人们却相当坚持在内装饰上展现古老的文化元素和习俗：游牧帐篷样式的室内天花板，伊斯兰纹样的石膏内墙面装饰线条，特别突出的门窗雕刻艺术等都是最典型的装饰手法，建筑中也总会至少有一间完全按照传统风格，用传统家具布置的房间，以表达对于民族血统的重视和传承。

卡塔尔人生性低调，不事张扬，以藏而不露为美德。这种民族个性在他们的城市和建筑上也展露无余，可说是阿拉伯世界中独特的风格，它绝不夸张炫耀，以朴实无华的外观表达含蓄沉静的内在，无论是民居还是大型的公共

◥格调优雅的会客大厅，复杂的石膏天花板成为装饰的亮点。

◣天花板的石膏装饰图案和线条，在低调中显出细腻的美感。

◥装饰性的斗拱和扶壁结构同富丽堂皇的吊灯堆砌出阿拉伯帝国深藏不露的睥睨之气。

◤沉稳华丽的欧式大厅，金色和褐色的门框装饰为空间带来强烈的伊斯兰风格特征。

建筑，从机场到各大博物馆，再到埃米尔的王宫，都秉持了相当一致的审美角度。范例之一是贝聿铭设计的伊斯兰艺术博物馆，范例之二则是新的卡塔尔国家博物馆，由法国建筑师努维尔设计，一个是直线下的圆弧，一个是圆弧下的直线，伫立在阿拉伯海边的沙漠上，庄重简洁毫无雕饰的廓形和灰白的色调，从白天到黑夜，在炎热的阳光和清冷的月光下，折射出变幻的光影，仿佛沙丘一样，沉静中有着无穷的力量和变化。

沙漠中的水泉，满有生命的美好和奇迹，却又浑然无色，至真无味，应该就是卡塔尔风格所要诠释的文化真谛了。

Jordan

约旦

◤佩特拉的岩石不只呈红色，还有淡蓝、橘红、黄色、紫色和绿色，绚烂无比。

◥用于葬礼的建筑。

◣佩特拉在希腊语里是“岩石”之意。佩特拉的岩石色彩鲜艳，有“玫瑰红城市”之称。

◢佩特拉遗迹之一，一条长约 1.5 千米的狭窄峡谷通道，建筑物雕凿在悬崖峭壁内，其房间也隐没在岩石之中。

约旦位于亚洲大陆西部，阿拉伯半岛的西北部，南临红海亚喀吧湾，北边与叙利亚接壤，东北与伊拉克交界，东南和南部毗邻沙特阿拉伯，西边以约旦河和死海为界，与巴勒斯坦和以色列相连。从地球陆地的最低点死海开始，约旦的地势由西向东逐步升高，从西部裂谷，到中部的丘陵高地，一直延展到东部沙漠高原，谷地作为其中最为突出的自然地貌，苍茫雄浑，峻极陡峭，崎岖荒裸，却又异常的安详静谧，完美呈现出约旦这个国家的独特气质，与它悠久传奇的历史和文化配合到天衣无缝的境界。

约旦是个有故事的地方。好莱坞的经典系列探险片《夺宝奇兵》当之无愧是最最生动迷人的约旦风光宣传片：那时的哈里森福特还很年轻，衣衫破烂又胡髭拉茬，眼神却有不可思议的清亮兼之笑容明朗，身手矫健如同跳跃的羚羊，行走在崖壁高耸、柱石交错的佩特拉城赛格小道上，镜头聚焦在粗糙的岩层上，阳光或明或暗地闪烁出艳丽的玫瑰色光芒，梦幻的瞬间定格为许多人心中对于这块神秘土地不可磨灭的印象。

据古书记载，约旦是上古时期最早的人类文明发源地之一，旧石器时代已经有人类聚居。在距今9000多年前的巴亚村墓穴遗迹里，发现了建于岩壁上技艺超凡的二层楼房。公元前4000年左右的红铜时代，出现了大型的村落，堆石为基，泥砖砌墙，以木头和芦苇做成屋顶，院墙有精美的雕饰。到公元前3000年前后的青铜时代，要塞城市的雏形开始显现，防御性的连绵延展的城墙和高高的石塔，纵横贯通的水渠和坚固的石材多房间住宅是这个时期的典型特征。公元前1400年后，当时被称为迦南地，今日的巴勒斯坦、约旦和叙利亚一带，在美索不达米亚的牧人王朝，埃及图特摩斯三世法老、海上豪强腓力斯人的统治下形成了一系列发达的城邦国家。公元前1200年，摩押、以东、阿蒙成为这一地区最强大的三个王国，而犹太人的历史上最辉煌的篇章也差不多从这个时代开始了。大卫王荣耀，所罗门王智慧，亚述的征服，巴比伦的掳掠，波斯的歌舞升平一直绵延到公元前500年左右，其后便进入巴图王朝和罗马人的统治时代，直至公元7世纪归入阿拉伯帝国的版图， 16世纪又成为奥斯曼土耳其的属地。在经历了英国

◥水景和树木花草相互映衬，是沙漠中最受期待的安息地。

◣佩特拉古城中著名哈兹纳赫殿堂，传说这里收藏着历代佩特拉国王的财富，也有人说它是一座陵墓。哈兹纳赫造型宏伟，整座建筑分上下两层，横梁和门檐雕有精细的图案。

◥细密繁复到极致的马赛克镶拼神龛，每一块都是对美好生活的祈福。

◤清真寺的洁净池和内殿。

多年的委任统治之后，1921年约旦酋长国成立，1946年独立，才有了今日的约旦哈希姆王国。

约旦的建筑风格古朴端严，宏大庄重，具有非常独特的神秘气质，与之壮丽的自然景色和浓重的宗教历史形成生动的呼应，这种风格特色尤其在几座历史名城中有着极为突出的表现。首都安曼的建城最早可以上溯到公元前11世纪的阿蒙王朝，在风光秀丽的阿杰隆山脉东部，十几个层峦叠错的丘陵山坡上，灰白的房屋星罗棋布，映衬着蓝天白云绿树繁花，景色美不胜收，人们因此以“白色之都”来形容这座城市。那些造型朴拙的石头建筑，有方形、长方形和圆形组合而成，冬暖夏凉坚固实用，可以抵挡沙漠里高达几十摄氏度的昼夜温差，反映出当年要塞的形制特点。信奉太阳神的阿蒙人也雕刻了大量的阿蒙神像作为公共建筑的装饰和崇拜祭坛，后继而来的希腊人和罗马人又为城市修建了多柱的神庙和圆形露天剧场，让整个城市的风格因着混合而更加迷人。当落日西下华灯渐起，在城堡

山顶俯瞰安曼，时间就仿佛是凝固的，一千零一夜，夜夜如昨。

当然还有玫瑰之城佩特拉（Petra）。佩特拉不仅仅是一座城市，她本身就是一件弥足珍贵的艺术品，被评为世界新七大奇迹之一。相传在公元前6世纪，游牧民族纳巴泰人（Nabataean）来到这个红褐色岩石丛生的天然堡垒，认为此处水源丰富交通便利，于是决定在这里筑城定居。他们修起高高的水塔和四通八达的水渠储备雨水，在坚固的整块石壁上开凿出几百处大型建筑，有神庙、祭坛、驿道、军营、剧场、巨宅、浴池，甚至还有墓地，无不工程巨大、技艺精美。被誉为“法老的宝藏”的哈兹纳赫殿堂（The Khaznet el-Firaun，意为金库），是从岩壁上挖建而成的罗马科林斯神殿，真正是不可思议的鬼斧神工。纳巴泰人在这里与往来地中海和阿拉伯的商队交易香料、药材、珠宝、布匹，日复一日繁华鼎盛。19世纪的英国诗人约翰·威廉·贝根（John William Burgon）曾有诗句描绘佩特拉：“令我震惊的惟有东方大地，玫瑰红城见证了整个历史”，这应该是对这座古城最贴切的总结了。佩特拉距首都安曼约260千米，隐没于死海和阿克巴湾（今天的约旦国境内）之间的山峡中，位于干燥的海拔1000米的高山上，整座城市几乎是在岩石上雕刻而成，并以岩石的玫瑰般色彩而闻名于世。

杰拉什（Jerash）也不能错过。始建于公元前332年的亚历山大大帝时代的杰拉什，在罗马统治时代是地区政治、经济和信仰的中心，也是一座极其美丽的古典城市，以端庄轻盈、形制匀称的希腊—罗马风格石制建筑为特色。街道规划整齐，宽阔平整，柱廊林立。由56根爱奥尼克式石

◤虽然房间的壁炉和扶椅已经非常欧洲化，但别致的雕花茶几却流露出典型的中东情调。
◥稍作变化的穹门显出妩媚的生活滋味，一扫宗教配色的肃穆感，顿时活色生香起来。
◣明媚的蓝白色调，是伊斯兰风格的精髓所在。
◢华丽的水晶吊灯，让居室显得璀璨明亮，是属于王室的气派。

◥华丽的长明灯，让人一见倾心。

◤精美的石材、瓷砖和马赛克镶拼内饰，一切都是那么圣洁华美。

柱围成的露天市集，以及由两排科林斯式石柱延伸开去的“心街”，展现出希腊风格明朗的城邦廓线，奇妙的喷泉广场则是罗马式城市水系结构的完美典范：从城北山中引流而下的泉水，通过水道桥进入城中，流入多层的神龛喷水口，顶端的水流汇集到最下层的池子里，再由底端的狮子型喷水口流入街道的排水沟中，技艺精巧，令人叹为观止。而城中宏大的半圆形剧场、高耸于山顶的殿堂、舒适豪华的公共浴场，无一不展示出罗马风格的强势血统。

在早期的建筑风格中，约旦的细部装饰也具有非常鲜明的特色——马赛克镶拼。在古城马代巴（Madaba），整座城市的几乎所有建筑的地板都是用马赛克画镶拼而成的，马代巴也因此被称为“马赛克之城”。城中圣乔治教堂里的马赛克大地图甚至清楚地标识出了拜占庭时代中东各城市的位置，尤其是耶路撒冷城和圣地的布局细节，不仅是栩栩如生的艺术瑰宝，还是至为珍贵的古代史料，也可算

是世界装饰风格中的一支奇葩了。

而在稍后的阿拉伯帝国时代，还有一种不能不提的著名建筑样式，它们曾经，并且至今仍是约旦风格活着的灵魂，那就是沙漠城堡。除了河谷地带的繁华绿洲，约旦的大部分土地都是荒凉的沙漠区，于是具有狩猎和旅舍功能的城堡成为哈里发们最青睐的建筑形式。在安曼以东的沙漠中，呈链状分布着大大小小三十余座沙漠城堡，它们多数建造于倭马亚王朝强盛时期，当时是作为哈里发出游时的游乐场所和驻军营地，也是沙漠商队的中转站、交易中心。据说这些城堡如果在夜间点燃烽火，可以将消息从幼发拉底河一直传送到开罗。沙漠城堡完美地呈现了早期伊斯兰教的建筑艺术：美轮美奂的庭院，沙漠中不可思议的花园全由地下水浇灌培育，天花和墙面上杰出的马赛克制品、壁画、石雕和灰泥浮雕等还不同程度地受到波斯及希腊—罗马艺术形式的影响，展现出融合的审美趣味，就如同中东纠结缠绵的历史一样复杂而又迷人。

◥用不同纹样的瓷砖组合成富于韵律和变化的装饰手法。

◣滑腻的丝绒饰面家具更添贵族品质。

◥铁艺镜框和彩绘的装饰陶盆，带来生动的本土文化气息。

◤富于土耳其特色的瓷砖墙装饰手法。

◣墙壁上的油画给家带来了一抹艺术情愫。

◢精美的四柱床打造出浓浓复古风的卧室。

地处中东的十字路口，亚非拉三大洲交汇点的约旦，承载着茫茫数千年风起云涌沧海桑田的人世变幻，这里随处都是《圣经》里如雷贯耳的名城，处处可见摩西、大卫、所罗门、施洗约翰、基督耶稣曾经的遗迹，亚述、希腊、罗马、巴比伦、波斯、马其顿、阿拉伯、奥斯曼土耳其，一代又一代纵横睥睨的王朝帝国在此兴衰更迭，循环往复，演绎出波澜壮阔的沙漠传奇。而约旦就像永不凋谢的沙漠玫瑰一样，尽管满面沧桑，却仍旧美丽如朝霞。

Iran
伊朗

◤明亮的赭红和蓝绿是伊朗人最喜爱的色彩。
◣精美繁复的瓷砖镶拼、大幅浮雕、层层深入的壁龛结构，都是伊斯兰风格最经典的外立面装饰手法。

比历史还古老，是伊朗人对自己国家的形容。细究起来，这也的的确确是伊朗过往悠长岁月最贴切不过的写照。根据史书的记载，早在10万年前的旧石器时代，已经有亚洲最早的土著居民埃兰人在伊朗高原扎格罗斯山脉一带和里海南岸等地区生活了，其后又有中亚的游牧民族不断迁入，他们以农牧、狩猎、捕捞和采集为生，慢慢繁衍生息起来，建立起这块土地最初的光辉——艾拉姆王国和米地亚王国。在与邻近的苏美尔人和巴比伦人城邦之间连绵不断的征战中，古代伊朗慢慢地强盛起来，成为小亚细亚和两河流域的强国，独特的文明也逐步显现出了轮廓。

不过，那个时代实在太过久远。今天的人们谈论伊朗

◤彩色瓷砖镶拼的外墙让清真寺的内廷在肃穆中显出圣洁的美丽。

◤简单外墙里往往隐藏着复杂的马赛克图案和细节丰富的纹饰。

◥整个建筑由抽象的和迷宫般的几何形状构成，添加了整个建筑的神秘感。

◣墙体的纹样是伊朗文化复合体的最佳注释。

◢传统的炫彩图案总能给今人一些启迪。

的历史，只有一个词会被提及，那就是波斯——一千多年来，以遥远神秘、富庶靡丽为标签的丝路商国。波斯等于伊朗，是它旧称的音译。公元前3000年左右，雅利安人从北方南下，进入今天的伊朗高原地区，和当地的土著人融合，形成新的波斯部落。波斯人从事农牧业和游牧业，在很长的时间里都是米地亚王国的属民。直到公元前550年，波斯人中的一支，阿契美尼德族雄才大略的领袖居鲁士二世联合波斯各部落，击败了米地亚的军队，创立了波斯帝国。在短短数十年里，居鲁士二世、大流士一世、薛西斯等数位君王前仆后继征服了包括爱琴海沿岸的希腊各城邦、两河流域的巴比伦王国、中亚西亚、北非等在内的大片土地，波斯正式成为历史上第一个地跨欧、亚、非三大洲的帝国。

波斯帝国的第一个极盛时期在公元前330年亚历山大大帝的东征时划上了句号。被希腊人占领之后，波斯沦为塞琉古王国的一个行省，直到公元前129年，波斯族中的另一支帕提亚人起义成功，结束了希腊人对波斯近200年

◥镂空的雕花隔断带来神秘华丽的后宫风格。

◤优美的望海露台，纯白栏杆和穹顶门廊构画出里海的绝佳风景。

的统治。帕提亚王国的版图西起巴勒斯坦，北到外高加索，东抵印度河，南至两河流域，被视为波斯帝国再度兴起的标志。公元前1世纪起，波斯真正成为欧洲和中国往来贸易的桥梁，绸缎、宝石、香料、黄金、骆驼、夕阳、沙漠翰海和圆月弯刀，谱写出安息王朝和萨珊王朝长达700多年的浪漫惊险的丝路传奇，至今仍为人们津津乐道，心向神往。

公元7世纪阿拉伯人强势崛起，从阿拉伯半岛迅速侵入波斯疆域，一举征服了整个伊朗高原，倭玛亚王朝和阿拔斯王朝的统治持续了近500年。之后，蒙古人、突厥人、阿富汗人轮番往来，伊朗陷入了漫长痛苦的动荡时期，近代更是在英、法、俄、美等列强恣意的掳掠瓜分中艰难前行，直到20世纪70年代，才真正恢复了独立主权，成为统一的现代国家。

今天的伊朗，坐拥亚洲西南部约165万平方千米的土地，北部连接亚美尼亚、阿塞拜疆、土库曼斯坦，西边与

◤层层叠叠的透雕工艺，塑造出靡丽的波斯古典风格。

◥室内混合了东西方的各种元素，反映出伊朗风格融合交汇的独特审美趣味。

土耳其和伊拉克接壤，东部与巴基斯坦和阿富汗相邻，南临波斯湾和阿曼湾。作为一个高原国家，伊朗的大部分国土都在海拔 900 至 1500 米之间，从西北到东南，分别呈现出山脉、盆地和冲击平原等不同的地貌，风光优美景色迷人：北部的全国最高峰达马万德峰终年积雪浮云缭绕，里海海滨树木青翠稻田似锦，雷扎耶湖水草丰美牛羊遍地；中东部的荒漠黄沙万里落日浑圆；南部波斯湾则有慵懒摇曳的椰林树影和细沙碧浪。有时苍凉雄浑，有时明朗秀丽，有时幽远神秘，是伊朗给予这个世界强烈而独特印象，令人过目难忘。

而除了山川湖海的自然之美，伊朗更迷人心魄的是它经过无数次碰撞、断裂、交融而重生的人文印记，贯穿于这个国家和民族的语言、风俗、音乐、艺术、诗歌、电影、建筑和宗教等各个方面，交织成为一幅瑰丽的细密画，抑或是一挂精工细织存世百年的波斯地毯，每一个结节都是一次蜕变的记忆。在伊斯兰风格随着阿拉伯人的马蹄踏入呼啸而入之前，波斯风格已经拥有了成熟完整的范式。就

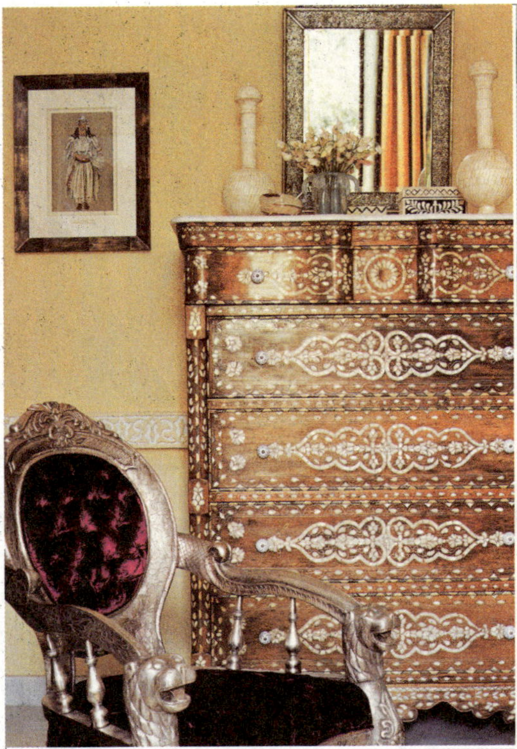

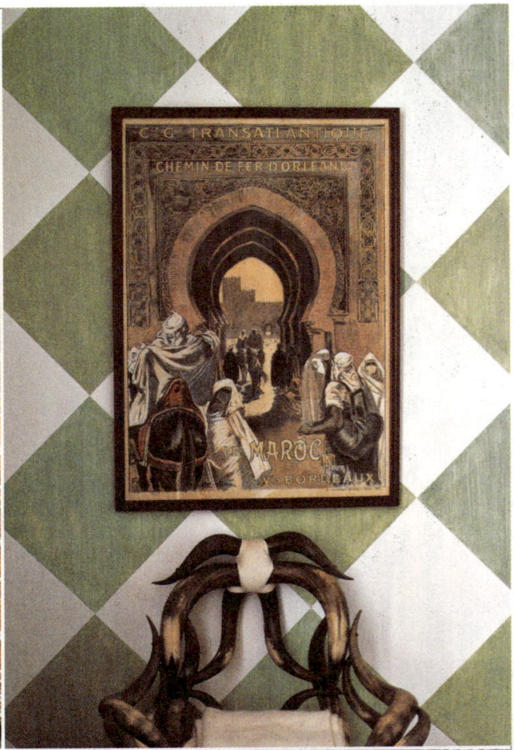
C.G. TRANSATLANTIQUE
CHEMIN DE FER D'ORLEANS
MAROC

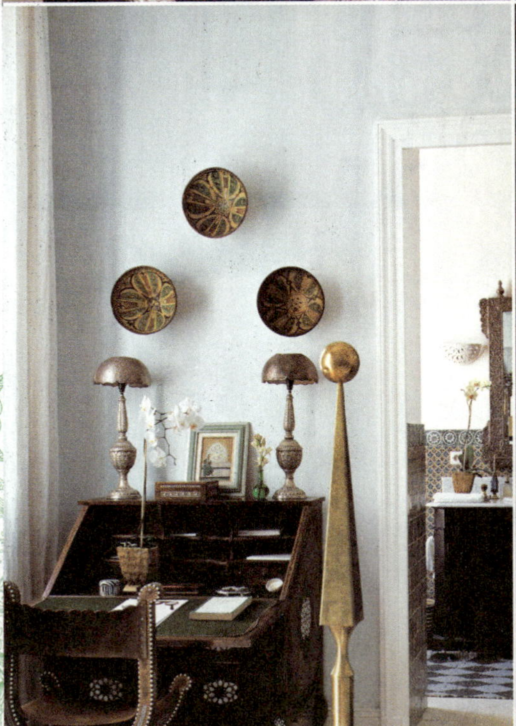

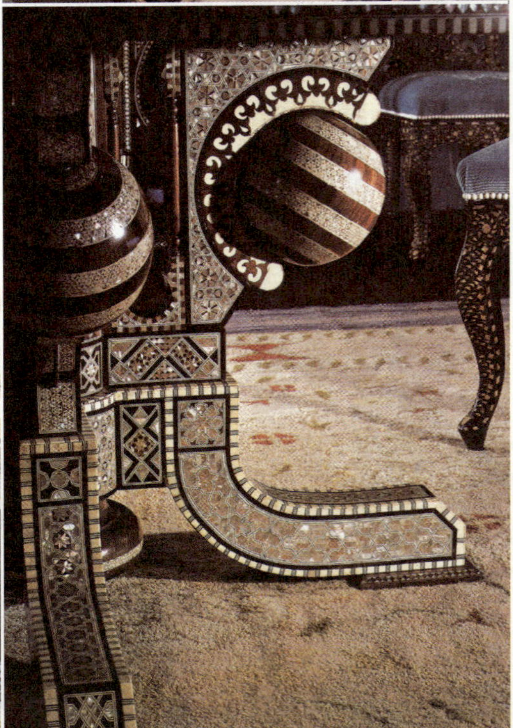

◥规范的对称布置有种奇妙的韵律感，蓝绿是波斯的主色调。

◤极尽所能的镶嵌、雕刻技艺，风格是极尽奢华的。
◥平静的淡绿和白色几何纹样墙面对比兽角装饰，隐诲地传递出波斯人血液里的野性气质。
◣彩绘陶瓷成为居家的美妙装饰品。
◢精美的细部装饰，令人眼花缭乱、目不暇接。

建筑方面而言，真正的波斯风格可以从流传至今的民居和仅存遗泽的宫殿废墟稍见一斑。

里海南部的吉兰山区，是波斯部落最早的聚居地之一，也因此许多建筑风格得以保存并一直沿用下来。这里的房子用材多取自植物：树木、稻草、芦苇是最常见的材料，人们用木结构搭建出简单的尖屋顶和框架，内外用泥巴和石灰涂抹，覆上稻草或芦苇做成巨大的顶盖，矮矮的灌木栅栏分隔出安静的花园庭院，数千年来的波斯人就在这样朴素而富于情趣的院落中繁衍生息。而在被誉为“玫瑰和夜莺之城”的设拉子城，可以见到2500年前波斯帝国最辉煌的遗址。高大挺拔的石柱造像，精美绝伦的灰泥浮雕装饰，五彩缤纷的瓷砖，巨型的圆屋顶和半圆拱门，显示出纯波斯风格的建筑元素和审美趣味。

阿拉伯人的统治是政教合一的，伊斯兰宗教风格比铁骑和弯刀更有持续影响力，在伊朗的建筑和装饰留下了不可磨灭的痕迹，直至今日。伊斯法罕，是伊朗中世纪后的

最美丽的记忆，伊斯兰风格和波斯血统的融合，缔造出“一半天下”的富丽和繁华。建于16至17世纪，结构严整的宫殿建筑群围成了世界上最大的城市广场之一，拱廊环绕，美丽的拱顶倒映在宽大的水池中，绿草如茵鲜花似锦，高高对称的礼拜塔楼仿佛虔诚敬拜的手臂直指苍穹，七层高的宽敞露台是阿里法的阅兵台，结构精妙的几何壁龛是世界上最早的音乐厅，能够传递出悠扬的赞美诗歌。四十柱宫是一所带有宽阔柱廊的宏大建筑，20根细巧轻盈的柱廊倒映在庭院中平静的水面上，虚实相映浑然一体，圣洁纯美宁静致远，正是伊斯兰风格的精髓所在。

建筑之外，伊朗风格更加生动明快地存在色彩艳丽花纹繁复的手工地毯上，依稀可见当年披星戴月纵横丝路的波斯人血液里满满的热情和梦想。今天，波斯地毯被广泛地运用在伊朗风格的装饰细节上，经久不褪的天然矿物和植物染色，优美生动的植物花果纹样、抽象几何纹样，贵重的真丝和羊毛材质，都让波斯地毯成为最富代表性的伊

◥石膏浮雕是伊朗贵族喜爱的室内装饰手法，让每一个角落都成为一幅画卷。

◣曼妙的植物花形移植到建筑物内外各个装饰细节上。

◥古典波斯风格的浴室，面板均由硬木和贝壳镶嵌，排列出抽象的几何图形纹样。

◣光影的渲染使空间更加具有艺术魅力。

朗风格元素。一幅名贵的波斯地毯，需要经过熟练的手工艺人 14 至 18 个月精心的编结才能完成，可以存放数百年依然触手生温，丝光熠熠，和古老的伊朗风格一样，历久弥新、蕴涵深远，值得用最漫长的时间去细细地揣摩和体会。

出我们的国土往西，走过多少个日夜，去到那个梦中萦回不已的波斯故土，那个落日的地方，那个驼峰高耸、沙尘漫漫而又美妙无比、令人神往的土地，或者也就算是寻到了精神的家园……

Kazakstan
哈萨克斯坦

来自东正教的穹顶风格，被哈萨克本土的艳丽的对比色装饰带出了几分童话的趣味。这是位于靠近我国的东哈萨克斯坦州首府厄斯克门的基诺夫教堂。

今日的哈萨克斯坦，领土横跨亚欧两洲，面积约为272万平方千米，是世界上面积最大的内陆国。西部直达欧洲的乌拉尔地区，隔里海与伊朗、阿塞拜疆相望，北部与俄罗斯接壤，南部邻国分别是乌兹别克斯坦、土库曼斯坦和吉尔吉斯斯坦，东部则与我国新疆自治区相连。虽说被定义为内陆国，但其实哈萨克斯坦可以通过伏尔加河—黑海—地中海—大西洋的路线抵达外海，而从中国的连云港开始沿着陇海、兰新铁路线一路向西延伸直达欧洲的“新丝绸之路”更是贯穿哈萨克斯坦全境，进一步确立了这个国家在地理上突出的优越性。

哈萨克斯坦属于马背上的英雄，寓意“自由之民”和“游牧战神”的国名充满潇洒和剽悍的气质，这一片横贯中亚大陆的苍茫山川，正是骁勇的骑手欢歌驰骋的天地。

“哈萨克”一词最早见于文字记录，是公元前6至7

◤春季的草原上鲜花盛开，粗犷的原木农舍也生动起来了。这是位于西伯利亚深处的哈萨克民居。

◥位于天山山脉的科尔塞湖。

◢宁静的山间猎屋，一人一马，一天一地。这是位于阿尔泰山的当地民居。

世纪时的波斯文献，罗马皇帝康士坦丁在留给儿子的遗嘱中历数天下疆土时殷殷提及：“……在那外围有着哈萨克亚大草原，再过哈萨克亚就是阿兰……”，可见当时的哈萨克已经是君王心中的兵家要地了。研究者认为，哈萨克斯坦的历史自旧石器时代已经开始，证据来自其南部卡拉套山脉的阿奇萨遗址，距今最远可以追溯到4万多年以前。考古证据同时表明，在新石器时代，哈萨克斯坦出现了畜牧业的雏形。在公元前3000年左右，哈萨克中部的安德罗诺夫文化表明这一地区的耕作业和畜牧业都有了相当的规模，青铜器的铸造和建筑技艺都呈现出高超的技巧。到公元前200年前后，在今天的阿拉布图市附近，部落联盟的文明已经成熟，也明显受到波斯和中国文化的影响。当时在咸海附近七河流域居住的塞种人和月氏人，被认为就是哈萨克人的先祖。在中国的史书中，这个时期的哈萨克斯坦被称为“乌孙国”，国人食肉饮酪，富足繁盛。

公元6世纪，匈奴人建立了突厥汗国，后分裂出来的

西突厥汗国征服了乌孙国，进入哈萨克草原，直达伏尔加流域，突厥人与原先居住于此的部落迅速地相互融合，逐步形成今天的哈萨克族。737 年，阿拉伯人一度占据哈萨克斯坦的南部地区，伊斯兰教开始传播，成为当地的主要宗教之一。在经历数百年的动荡战乱后，13 世纪，成吉思汗的铁骑一路向西征讨，哈萨克斯坦成为蒙古帝国的一部分，先后属于金帐汗国和白帐汗国。直到 1456 年，哈萨克汗国成立，分为大、中、小三个名为玉兹的民族地域联合体，每一个哈萨克人都知道自己属于哪一个玉兹，“哈萨克”这个词也终于成为了其民族的正式称谓。

18 世纪 50 年代，在中国清朝征讨准噶尔叛乱的时期，哈萨克大、中两个玉兹曾先后归顺清王朝。一百多年后，俄罗斯人成为哈萨克斯坦新的征服者，其统治在苏联时代一直延续，1946 年成立了哈萨克斯坦苏维埃加盟共和国，直至 1991 年苏联解体，哈萨克斯坦宣布脱离苏联，成为真正意义上的独立国家。

◤位于哈萨克斯坦南部讹答剌附近的阿里斯坦·巴布陵墓和清真寺。

◢富有哈萨克斯坦风格的纪念建筑，在旷野中有种固执的坚持，仿佛哈萨克人攻城略地时的气势。

◤简单的两层楼木结构建筑，却因别出心裁的色彩修饰而显得趣味盎然，仿佛油画一样。这是陀思妥耶夫斯基在塞米伊的故居，现在成了他的文学纪念博物馆。

◢这是位于阿拉木图的基督升天大教堂，建于 1907 年。

哈萨克斯坦地域广阔，地貌多样，地势东南高西北低。西部阳光充足碧波荡漾的里海之滨的低地，中部丘陵起伏一望无际的荒漠和大草原，东部白雪皑皑巍峨险峻的高山奇峰，河网虽不密集，但湖泊众多，共同组成以“阳光、空气、山水、矿泉”为特色的哈萨克自然风光，意趣天成引人入胜。而雪峰下，草原边，风格各异的新旧建筑和传统毡房帐篷为美妙的自然景色更增加了厚重的文明传承，为人平添了几分追昔抚今的感怀遐想。

作为一个以游牧为传统生存方式的民族，在漫长的历史年轮里，哈萨克人几乎都是这样度过自己的一生：按季节转场放牧，逐水草而居。春天、夏天和秋天住在可拆卸和携带的圆锥形毡房里，寒冷的冬季则住在冬季牧场的木制斜坡顶土打墙房屋里。

毡房是特别因着游牧转场而生的建筑形式，易于搭卸且携带方便。毡房一般由上部的穹形和下部的圆柱形两个结构组成。骨架都是就地取材，穹顶用大草原上特有的红柳条，柳树枝杆和芨芨草做成圆栅，再以木杆搭成圆柱形

骨架，将上下两部分结合就搭成了毡房的框架。毡房顶部留有天窗，并有一块活动毡块，可以拉动，用以通风或者是挡风，大小是根据房墙的多少来灵活安排，一般的毡房用六块毡墙，已经足够使用了。虽然简洁轻便，但毡房的外观和内部布置却是哈萨克风格的集中体现：毡房顶部、门脸的装饰，内部正中的客人位上铺设最华丽的花毡，手工刺绣的地毯、幔帐和壁挂更是不可或缺。刺绣是哈萨克最具特色的手工艺装饰手法之一，妇女们尤其喜欢使用对比强烈、鲜艳的色彩，以挑花、刺花、补花、嵌花、锻花、贴边花等各种技法，在绒料和绸缎上绣出精美的花草纹、羊角纹、人字纹等传统纹样，大草原那种简单质朴的美感几欲扑面而出，令人赏心悦目赞叹不已。而用质地坚硬的木材雕刻而成的冬不拉、精致华美的金银镶嵌餐具和酒具更是为毡房的整体风格画出点睛的细节元素，显示出哈萨克人令人称道的审美水平和精湛的手工技艺。

除去传统的民居，在阿拉木图、阿斯塔纳等大城市里，优雅的东正大教堂、庄严的伊斯兰清真寺、华丽的欧洲古

典型的东正教教堂，金色的洋葱头顶和赭色外墙传递出华美庄重的气韵。

豪华的阿斯塔纳新总统府，与美国白宫异曲同工，不同的是这里有美丽的蓝色穹顶和金色尖顶，尖顶上方是“雄鹰在旭日下翱翔”的雕塑，在阳光下熠熠生辉。

位于塞米伊的哈萨克诗人阿拜纪念馆。

◤阿拉木图的阿拜剧院。

◢晴空下优雅的蓝色清真寺穹顶和宣礼塔，虽简朴却肃穆。这是位于厄斯克门的中央清真寺。

典风格的大剧院随处可见，完全不同的建筑样式却在或球形或圆形的穹顶下，与传统的毡房尖圆顶和谐地融为一体，形成独树一帜的城市天际线，成为哈萨克特有的风格特色。尤其值得一提的，是英国著名建筑师诺曼·福斯特为首都阿斯塔纳设计建造的，名叫“沙特尔可汗”(Khan Shatyr) 的大帐篷。它的外观是来自哈萨克传统帐篷的圆锥造型，以钢索交织呈网状，围绕一根 150 米高的倾斜柱杆盘旋而下，支撑着一个透明塑料顶棚，帐篷内部建有人造沙滩、瀑布、一座迷你高尔夫球场和植物园，是当之无愧的世界帐篷之王。自建成后就成为哈萨克斯坦首都阿斯塔纳的未来派建筑的“新成员”和标杆性地标，是哈萨克人的骄傲。

祖祖辈辈生活在草原、高山和大漠上的哈萨克人，却有着非凡的浪漫情怀，总爱说“诗歌和马”是他们的两只翅膀，带领着族人们经历四季交替、生死循环，正如著名的哈萨克诗人阿拜的吟唱：“……在冰封雪冻的寒冬后面，紧跟着绿草如茵、碧波荡漾的温暖的春天……”，日复一日，岁月静好，山川依旧，人面不老。

Uzbekistan 乌兹别克斯坦

布哈拉卡利夫—尼亚兹库尔经学院的入口处。它有四个洋葱状塔围绕一个中心穹顶，建于19世纪。

隔着遥远的丝绸之路，乌兹别克斯坦拥有沙漠尽头最迷人的风景。这个历史悠久的古国盛产黄金和棉花，曾经是，并且现在仍是东西方商路上最繁华的贸易市集。它位于中亚的中部，北部和西北部与哈萨克斯坦接壤，西南部与土库曼斯坦相邻，南边紧靠阿富汗，东部则与吉尔吉斯斯坦和塔吉克斯坦相连。乌兹别克斯坦地处内陆，地势东高西低。东部地区高大山脉出自中国的天山山系，常年积雪冰川覆盖，每到夏天，就会有新融的雪水淙淙而下，冲刷出乌兹别克斯坦最为开阔富庶的河谷农耕区。中部地区大部分是荒芜的克孜勒库姆沙漠，有青葱的带状绿洲围绕周边，是放牧牛羊的好地方。西部则是濒临咸海的低地。乌兹别克斯坦境内河流丰沛，包括阿姆河、锡尔河、泽尔尚夫河在内的600多条河流组成中亚地区最密集的水网，并在各处形成大大小小适宜人类居住的三角洲，孕育出古老昌盛的文明。

乌兹别克斯坦的历史堪称纷繁复杂。大约公元前70万年左右，旧石器时代的居民已经在东部的费尔干纳谷地和中部的撒马尔罕地区繁衍生息，他们以狩猎捕鱼为生，择水而居，用黏土盖房，渐渐开始固定的农耕和养畜，原始宗教和艺术也随之兴起。到公元前10世纪，人们聚居在沿河的狭长地带，组成了早期的奴隶制小城邦国家，花刺子模、安息是其中较为著名的几个。

公元前6世纪，波斯人征服了乌兹别克斯坦地区，从居鲁士到大流士，波斯国王成为这块土地实际上的统治者。公元前330年，亚历山大大帝东征，取代波斯人成为中亚地区新的主宰。亚历山大死后帝国崩溃，乌兹别克斯坦地区经历了塞琉西王国、巴克特里亚王国的统治，到公元前130年，居于中国的游牧部落大月氏为北匈奴所败后西迁，在当地建立了部落城邦。公元前1世纪，中央集权的贵霜王国建立，人们使用巴克特里亚语，并首度出现了统一的文字。贵霜王国在存续400余年之后败亡，中亚的游牧部落康居人、突厥人先后在此建立统治，直到公元7世纪阿

◥伊斯法罕建于1453年的达布·伊玛姆，其巨大的圆顶是当时典型的建筑形态，鲜艳的彩陶贴面经久不变。

◣希瓦的城市风光。作为穆斯林城市的伊钦内城，1990年12月被联合国教科文组织列入世界文化遗产。当地随处可见装饰着马赛克、大理石和珍稀木材的重要建筑遗迹。这些古迹与干打垒和土坯平顶房共同勾画了一道传统的建筑风景。

◥布哈拉米里·阿拉伯经学院，建于1535年。

◤布哈拉考尔·巴克尔公墓，建于1560年前后。

◣位于撒马尔罕市中心的"列吉斯坦"广场，是一组宏大的建筑群，建于公元15至17世纪。建筑群由三座神学院组成：左侧为兀鲁伯经学院，建于1417至1420年；正面为季里雅一卡利经学院，建于1646至1660年；右侧为希尔一多尔经学院，建于1619至1636年。这三座建筑高大壮观、气势宏伟，内有金碧辉煌的清真寺。

拉伯人入侵为止。

虽然这一时期政权更迭频繁，民族迁徙频繁，但得益于历任统治者对丝路贸易不约而同的重视，商业发展一直兴盛稳定，棉花、果树和葡萄等经济作物被广泛种植，黄金、白银和宝石的开采加工也非常普遍，带动了手工业的发展，波斯文化、希腊文化、中国文化和印度文化东西碰撞、水乳交融，撒马尔罕、布哈拉、铁尔梅兹已经是当时著名的国际贸易城市，费尔干纳更因其出产的葡萄酒而闻名于世，是乌兹别克斯坦历史上极为辉煌的一个时代。

公元674年，阿拉伯人征服布哈拉，阿拔斯王朝在中亚的统治确立。哈里发的统治在当地人激烈而持续的反抗下仅仅存续了200年左右，就被萨曼王朝取代。其后，突厥人的伽尼色王朝、回鹘人的喀拉汗王朝、花剌子模王国先后统治乌兹别克斯坦地区，直到公元1221年，成吉思汗横扫中亚西亚，收该地归为察合台汗国。14世纪下半叶，突厥化的蒙古部落首领帖木儿掌握了察合台汗国的大权，建立帖木儿帝国。1499年，成吉思汗的后裔昔班尼汗重新

统一了帖木儿帝国后期分崩离析的乌兹别克各部落，他们与中亚各地的原住民、古代粟特人和花剌子模人、部分塔吉克人和迁徙而来的突厥人相互融合，初步形成了今天的乌兹别克民族。在之后的三百多年里，乌兹别克民族进一步稳定壮大，先后建立希瓦、布哈拉和浩罕三个汗国，真正成为这块土地的主人。19 世纪后，沙皇俄国逐步侵入中亚地区，乌兹别克斯坦也未能幸免，沦为其势力范围。十月革命之后，苏维埃俄国将其列为加盟共和国，直到 1991 年苏联解体，乌兹别克斯坦宣布独立。“乌兹别克”一词在其母语中“自己统治自己”的涵义在漫长的沧海桑田后，最终得以正名。

虽然阿拉伯人的统治在乌兹别克斯坦并不太长，但伊斯兰文化却在这个地区得到了意想不到的广泛传播。自萨曼王朝以下，历任统治者和居民都虔诚信奉伊斯兰教，最直接的反映，就在城市的规划和建筑上，留下了深刻的烙印，成为乌兹别克斯坦风格最主要的组成部分，而早期亚历山大留下的希腊式匀称朴素的街道、广场，近代俄罗斯特色的廊柱穹顶，又为乌兹别克斯坦风格带来独树一帜的补充，东西方的风格和技巧在这里达到完美的融合，其中尤以布哈拉、撒马尔罕、塔什干、铁尔梅兹等城市为最，大量富于阿拉伯元素的宫殿、清真寺、宗教学校、陵墓、商栈和集市，或端严肃穆或靡丽华美，令人见之心折。

首都塔什干，公元前 2 世纪建城，有文献可稽的历史超过 1500 年，是中亚第一大城市。塔什干在乌兹别克语中是“石头城”的意思，因其地处冲积河谷，盛产巨大的鹅卵石而得名。城中街道宽阔，绿荫遍地，砖坯砌成的平顶

◤布哈拉卡拉延清真寺的建筑特写。该建筑 1121 年由卡拉罕王朝统治者阿尔斯兰汗建造，成吉思汗大军入侵时烧毁。今天我们看到的卡拉延清真寺重建于 1514 年，位于宣礼塔前的广场之上，与撒马尔罕的比比·汉纳姆清真寺具有同样规模。

◥古尔·艾米尔陵墓，位于撒马尔罕市区内，始建于 1403 年，最初作为战死于土耳其的帖木儿之孙穆罕默德·苏丹之墓，后成为帖木儿家族墓。陵墓的灵堂中放有 9 个象征性的石棺椁，真正盛放遗体的棺椁深埋在地下。

◣球锥形大圆顶，具有浓厚的东方建筑特色。

◢希瓦的凯塔一米那儿宣礼塔。依希瓦历史家穆因的记载，这座宣礼塔是希瓦汗国的穆罕默德·阿明可汗于 1852 年下令建造的，他打算将这个塔建成当时全穆斯林世界最高大的一座。

◥这间客厅充满中亚风情，尤其吊灯的风格装饰更富有民族和宗教特色。

◤装饰的重点在于墙面，独特的门窗结构被用作了纯粹的装饰。

民房和带棚盖的集市让旧城仿佛永久停驻在中世纪，其具有 600 多年历史的巴拉克汗经学院是阿拉伯风格建筑的典范之作。古城撒马拉罕就是一座露天建筑博物馆，11 世纪修建的街道从市中心向旧城的 6 座城门辐射而出，列吉斯坦广场上按东、西、北顺序依次伫立着三座建于 15 至 17 世纪的清真经学院：兀鲁伯、季里雅一卡利和希尔一多尔，高大雄伟气势恢弘，以各色彩陶装饰的正门和金碧辉煌的彩色穹顶闻名。帖木儿帝国时代的古尔一艾米尔陵墓有着球锥形的巨大圆顶，外表壮观，极具东方建筑特色，而色彩

艳丽的陶瓷贴面则是撒马拉罕的特产，以黑色、红色、乳白色为底，绘以绿色、黄色、粉红及棕色的花纹，并有黑色的古阿拉伯文为装饰，构成最具辨识度的乌兹别克风格元素。建于公元前1世纪的布哈拉城从萨曼王朝起就是重要的文化和艺术中心，尤其是经学研究的中心。各个王朝留下的经学院和伊斯兰高等学府成为城市中最突出的风景线。而伊斯马益—萨曼尼陵墓更是伊斯兰文化的集大成者，它拥有简单大方的立方体廓形，覆以大圆拱顶，四角则装饰球状的小圆顶，变化丰富。整个建筑以砖石砌成，墙面

◤传统的家具，现代的搭配，地域特色浓郁至极。

◥会客区的背景墙和家具，混合了当地的和阿拉伯的两种风格。

◢卧室用西亚的地毯和织物装饰，在乌兹别克斯坦较为普遍。

◣门套和门的设计既有地域感又富有创意。

精致细腻的几何雕花家具，充分表现出当地贵族的生活方式。

典型的阿拉伯式天花装饰，丰富而繁琐的纹饰。

镶嵌精致生动的花、草、鱼、虫和历史故事图案，被形象地誉为“东方珍珠”。

“西出阳关无故人”，但却一定有神秘瑰丽的异域风情。丝绸之路义无反顾地蜿蜒西去，前方是大漠深处千年不变的如火夕阳，安静和热烈混合成充满诱惑的奇特气质，吸引着一代又一代的天涯旅人穷尽艰险万里跋涉，只为亲眼一睹远方的日落之地到底是番什么样的景象。当然，乌兹别克斯坦从来不曾叫人失望。

Afghan 阿富汗

◤首都喀布尔建在群山之中，画面表现的是这里最典型的风景样貌。

◣倚着山势层层而上的城市，是延续了千年的闻名传承。

从自然地理角度看，阿富汗地处亚洲中心腹地，是一个封闭的内陆国家。国土总面积约65万平方千米。阿富汗北接土库曼斯坦、乌兹别克斯坦和塔吉克斯坦，东北突出的狭长地带与中国接壤，东和东南与巴基斯坦毗邻，西与伊朗交界，是欧亚各国东进西出、南下北上不可回避的必经之地。阿富汗境内多山，地势高耸险峻，高原和山地占全国总面积的五分之四，多分布在东北部，雄伟的兴都库什山脉从东部海拔7000多米的帕米尔高原一路向西延伸过去，奇峰突起，沟壑延绵，将阿富汗截为南北两个部分，在北部和西南部有一些平原地带，西部则是荒凉的死亡沙漠区域。作为一个山地内陆国，阿富汗属典型的大陆性气候，

夏季酷热，冬季严寒，降雨稀少，年温差和日温差都相当大，自然条件远非宜人。但在北方的高山地区，有众多被冰川冲刷切割而成的Y字形山谷和高山湖泊，当春夏雪水初融，牧草丛生，溪流潺潺，湖水荡漾，还有夜莺婉转，瞪羚跳跃，雪豹漫步，景色也是格外优美动人的。

阿富汗的上古文明可以追溯到20万年前的旧石器时代，大量出土的石器工具、人类遗骨、石雕艺术品、陶器、青铜器、玉石艺术品都确证了这一点。位于坎大哈附近的蒙迪加克遗址是世界考古学上的重大发现，表明在公元前4000年到公元前1500年期间，阿富汗已经由小小的聚居村落形成为真正意义上的城镇，并且已经出现了雄伟的宫殿、庙宇和纪念碑式的建筑文化。

阿富汗有文字记载的文明始于公元前6世纪，在古波斯阿契美尼德王朝的经文《阿维斯塔》中，开始提及阿富汗的名字，这一时期也被称为阿富汗的拜火教时期。公元

◥虽然自然条件恶劣，人们依然在沙砾上栽种绿树，带来炎热酷暑中丝丝的凉爽之气。

◣繁忙的街景，是这个古老城市新一天的开始。这里位于喀布尔。

明亮的蓝色琉璃拱顶与远山和湖泊相映成趣。这是位于喀布尔的杜兰尼王朝的第二位皇帝帖木儿·沙的陵墓。

庄严的宣礼塔和拱顶清真寺，是人们精神的寄托。这是建于14世纪乌玛尔—苏丹·夏班清真寺。

前330年，亚历山大大帝率领的东征军征服了阿富汗，大量的希腊人、马其顿人来此定居，其后塞琉古王朝、印度的孔雀王朝、北方游牧部族、贵霜王国、恹哒人、突厥人，先后成为阿富汗地区的统治者。公元7世纪中期，阿拉伯人开始征服这里，阿拉伯语和伊斯兰教逐渐在此传播开来，取代了之前曾经有过的各种文化，历经阿巴斯王朝、塔希尔王朝、萨法尔王朝、萨曼王朝、加兹尼王朝、古里王朝数百年的统治，在阿富汗地区成为主导型的文化。

从13世纪起，蒙古国兴起，其后又有突厥帖木儿王朝、莫卧儿王朝、沙法维王朝和乌兹别克人先后在阿富汗进行争夺和统治，直到18世纪，阿富汗本地部落才逐渐强盛起来，走向独立的道路，其标志便是1747年杜兰尼王朝的建立。阿富汗各部族酋长在坎大哈召开会议，选取杜兰尼人的首领阿赫玛德·沙赫为国王。1751年阿富汗基本完成统

一，其疆域从中亚一直延伸到北印度、克什米尔和阿拉伯海，阿富汗成为一个穆斯林大国，这也是其历史上一段全盛时期。杜兰尼王朝之后，阿富汗在内部势力割据和西方欧洲列强的殖民争夺中蹒跚前行，直到 1978 年推翻君主制度，成立阿富汗民主共和国，但依然因着苏联的入侵、持续的内战、美英打击塔利班组织等各样的问题，承受着战争、贫穷和离散之苦，令世人为之侧目扼腕。

阿富汗的建筑和造型艺术，历史悠久传承千年，尤其是在伊斯兰化之前，因为地处东西方文化交流的中心，这里深受希腊、中国、印度、波斯、阿拉伯、蒙古、突厥等各种艺术样式的影响，具有异常丰富优美的传统风格和经典元素，如规划和建筑风格都非常希腊化的阿伊哈努姆古城；犍陀罗地区以希腊艺术手法雕刻的佛像，但佛像双肩和背光的火焰雕饰又分明是波斯拜火教的装饰元素；贾拉拉巴德东南哈达的灰泥与赤陶塑像带有明显的印度马吐腊艺术风格，造型妖冶艳丽；还有柱廊式的宫殿和寺庙建筑，都是非常珍贵的艺术宝藏，每每让人油然而生过目难忘之感。特别值得一提的是阿富汗的石窟艺术，大多出于 3 至 7 世纪，主要分布在巴米扬、卡克拉克和弗拉蒂一带的河谷。最著名的巴米扬峡谷因大量的佛教洞窟遗址及高达 53 米的石雕佛像，而与敦煌石窟、印度的阿旃陀石窟同被列为三大佛教艺术最珍贵的遗产地；卡克拉克壁画《持莲花菩萨》也是可与印度阿旃陀石窟的同名壁画相媲美的绝世之作。

9 至 13 世纪，是阿富汗伊斯兰化的鼎盛时期，出现了大量优秀的艺术典范，大多体现在清真寺、学校和宫殿陵寝上，是建筑、雕塑和绘画相结合的完美作品。加兹纳维

◤铺天盖地的连续花草纹样，是印度装饰风格的特征。
◥镂空木雕带出截然不同的味道。
◢透雕的墙面设计，让光线柔和地进入建筑内部，形成奇妙的光影效果。

◥虚实结合的繁复纹样，统一中富含变化，完成从平面到立体的转换。

◤精心雕刻的工匠，一斧一凿之间处处传递出经典之气。

王朝与古尔王朝时期，是阿富汗伊斯兰建筑艺术的黄金时代，以系列刻画人和动物的白色大理石浮雕而闻名，还能看出受波斯艺术风格影响的痕迹。其后的著名建筑有赫拉特的大清真寺、马扎尔—伊—沙利夫的清真寺、赫拉特的伊斯兰学院、伽祖尔伽赫的陵墓、巴尔克的寺院等。这些建筑多为砖砌，庭院宽阔，地面以白色大理石铺就，外部使用色彩艳丽的彩陶装饰，以黄色、蓝色和青绿色为主调，配以高而尖的拱形正门，圣洁华丽，气势非凡，是阿富汗建筑历史上最可骄傲的成就。

阿富汗有两种很具特色的民居，其一是农民居住的“凯里”，即村庄的意思，它们多成环形或直线形布局。在干旱的高原上，房屋用土坯垒成，外面再抹上泥草，屋顶用树枝达成横梁，铺上垫子后再用细枝和泥土夯实。在更高的山谷地区，山石取代泥坯成为主要的建材，同时使用石板的屋顶，缝隙则用泥膏填实。在森林地带，房屋就变为木质。在北方平原地区，房子的屋顶会被建成略带方形的穹隆，中央开天窗用以透光透气，房子看上去仿佛蜂房，整个凯里村落则像一个蜂窝，非常有趣。其二是游牧民居住的帐篷，一种“黑山羊帐篷”，是没有框架的，靠中间的木棍和拉索来固定，四边都能卷起来，利于通风，非常合适在炎热的沙漠地带使用；另一种是“圆顶帐篷”，有花格式棍棒结构，四周直立，顶端形成拱顶，用毛毡从顶上铺盖下来，设有木门，毡子上有精美的装饰，类似蒙古人的帐篷，定居感和装饰性、舒适度都要更好一些。

这几十年来，阿富汗总是很容易让人把它和战争、荒凉和苦难联想在一起，穷山恶水遍地沙石，远远相望的敝旧帐篷，还有负重独行的毛驴和孑孑寂寥的牧羊人……但这实在不是真实的阿富汗，曾经的阿富汗是丝绸之路上的富庶城邦，沟通欧亚的地理要冲，欧洲对中东、远东和印度贸易、文化交流的中心，古希腊、波斯、印度、阿拉伯等多个文明在此交汇融合，前后相继，堆积出一个如同宝石般多面闪烁的文明国度。虽然今日明珠蒙尘，但终有重放光明的那一日，叫世人都得见它的美好。

◤优美的廊柱式庭院，有希腊建筑风格的独特气质。

◥细腻的纹样雕刻和镶板装饰传递出不可错认的南亚风情，是一种奇妙的结合。

◢专注于繁复细节的内墙壁龛装饰纹样，彰显出阿富汗人的高超技巧。

Pakistan

巴基斯坦

看似简单的门，但依然留下了古代民族的文明印记。

早在五千多年前，这里就孕育了世界上最古老的文明之一——印度河谷文明；这里的摩亨佐·达罗（Mohenjo-daro）古城遗址开始于闻名遐迩的青铜时代，可与古尼罗河文明相媲美；这里的吉拉斯岩画如同一座浑然天成的露天博物馆，向南来北往的旅人诉说着来自远古的传说。揭开它的神秘面纱，你会被凝固着的美丽面庞所打动，你甚至还能听到古往今来相互碰撞的动人音符。这，就是巴基斯坦——一个在面纱下沉寂了千年的圣洁国度。

巴基斯坦的全称是巴基斯坦伊斯兰共和国，它位于南亚次大陆的西北部，国土略呈矩形，西北高，东南低，东部和东南部与印度接壤，南临阿拉伯海，西部与伊朗相连，西北部与阿富汗毗邻，东北部与我国新疆相邻，被誉为“世界屋脊”的喀喇昆仑山脉与喜马拉雅山脉的延伸部分就在其境内。从南部的海滩、珊瑚礁、沼泽到中部的沙漠、荒凉的高原、肥沃的平原、被河流切割的高地和北部的高山峡谷、雪峰冰川等，巴基斯坦境内拥有诸多迷人的景观，

如果不是因为恐怖、战乱的阴影，它无疑是一方处处洋溢着神秘风情的乐土。

在波斯语或乌尔都语中，巴基斯坦意即“清真之国”，它是由旁遮普（Punjab）、阿富汗尼亚（Afghania，即西北边境省）、克什米尔（Kashmir）、伊朗（Iran）、信德（Sind）的首字母和俾路支（Balochistan）的最后三个字母组成的，意思是巴基人——精神上纯正和纯净的人——的国土。巴基斯坦有着高山、绿谷、绵延的沙漠和漫长的海岸线，是世界上最寒冷和最炎热的国家之一。世界上很少有几个国家能像巴基斯坦一样，从公元前6000年开始就有着漫长而不中断的建筑历史。迄今为止，巴基斯坦最早可知的建筑遗址是摩亨佐·达罗古城遗址。在印度河谷文明的后期，当欧洲人还生活在村庄里，英伦岛上的巨石阵仍在建造的时候，生活在印度河流域的哈拉帕人已经拥有了世界上最先进的供水系统和最隐蔽的排污系统。在摩亨佐·达罗，

◥位于拉合尔附近的西兰尖塔。

◣位于旁遮普省拉合尔的拉合尔古堡中的阿兰吉利大门。

一个水井网络就可以轻而易举地为每个街区提供方便的淡水来源，另外，城中还有一个范围广大的排水系统能将多余的水带走。这些建筑特色究其本质来说显然是属于本土的。

随后，更多来自异地的人们被这块神秘的土地所吸引，从而留下了属于他们的印记。巴基斯坦位于几条重要贸易线路的交叉点上，连接着东西方和南北方。公元前 1 世纪，希腊人来到这里，受到希腊—罗马建筑传统的影响，诸多佛教建筑开始围绕着一个中心庭院修建起来，这就是所谓的犍陀罗建筑。位于巴基斯坦首都伊斯兰堡西北约 38 千米处的塔克西拉（Taxila）就是犍陀罗建筑的典型。“地称沃壤，稼穑殷盛，泉流多，花果茂。气序和畅，风俗轻勇，崇敬三宝。”唐代高僧玄奘在《大唐西域记》中如此描写塔克西拉。塔克西拉，一座有着两千五百多年的历史古城正是玄奘西游取经的最后一站——《西游记》中“西天”的原型。塔克西拉原名塔克西哈拉，梵文意为“石雕之城”，公元前 7 世纪便是一座繁华城市，前 6 世纪，成为犍陀罗王国的首都。前 5 世纪，古城所在地区成为波斯大流士帝国的一部分。前 3 世纪，印度孔雀王朝君主阿育王将塔克西拉归至麾下，因其信仰佛教，塔克西拉便逐渐成为香火鼎盛的佛教圣地以及学者云集的宗教、哲学、艺术研究中心。前 2 世纪，古希腊亚历山大大帝东征至此，蔓延的战火不但没有将它毁于一旦，反而将希腊的雕像艺术和佛教文化完美地结合在了一起。从此，古希腊文化在这里扎根，古城名字也改成了希腊文“塔克西拉”。如今，历史的风雨洗礼早已褪去了古城身上的浓重色彩，但那多年繁华所

◤位于卡拉奇的莫哈塔宫，1927 年建成。用吉士拉产的黄色岩石和粉色焦特布尔石砌成，十分壮美。

◣位于信德省比哈德萨哈的萨哈·阿卜杜勒·拉蒂夫神社。

◢位于拉合尔的巴德夏希清真寺，亦称皇家清真寺。为莫卧儿帝国皇帝奥朗则布时期兴建，1673 年竣工。在费萨尔清真寺建成前是巴基斯坦最大的清真寺，广场可供 10 万人同时礼拜。建筑上属莫卧儿风格，由拱门、广场、礼拜殿三部分组成。主体建筑为礼拜殿，殿顶及两侧有三个圆顶，围墙四周有四座高 53.75 米的宣礼塔。

酝酿出的神韵却依旧弥漫于四周。轮廓鲜明的塔克西拉古城遗址仍然依稀可辨：坚固高大的城垣、精巧别致的佛塔、金碧辉煌的寺院庙宇和大量形象逼真的人物浮雕分布得错落有致，昭示着昔日古城的辉煌。值得一提的是，塔克西拉与中国佛教文化的发展也有着深厚的渊源。据史料记载，公元 405 年，晋代高僧法显曾到此居住了长达六年之久，著名的唐代高僧玄奘则于 650 年来到这里，在此讲经、说法整整两年。现如今，玄奘的讲经堂遗址仍然保留着。

公元 7 世纪，阿拉伯人侵入巴基斯坦南部地区，随着阿拉伯文化的相继引入，清真寺和坟墓也大量出现；而巴基斯坦北部地区则主要由印度沙希亚王朝统治，一些印度寺庙沿着盐矿带修建，并受到犍陀罗建筑和克什米尔印度建筑的启发。

莫卧儿王朝时期（1526—1857）的建筑为设计带来了全新的概念。红色沙岩和大理石作为外部的覆盖材料大量使用，而内部空间则采用了壁画和佛罗伦萨马赛克饰面。

◥沉稳优雅的装饰，表明主人非常富有品位。

◣漂亮的卧室，用当地材质做的天花板和家具都是亮点。

◢造型夸张的柜子在室内虽显得拥挤，却也有着家的温存感。

◤布满了传统装饰花纹的大客厅，带有历史的老家具让房间显得愈加神秘。

◣墙上的壁画和窗罩等风格很搭，而历史感总是装饰的重点。

然而，住宅和公共建筑还是采用砖块和木料。巴基斯坦的历史古城拉合尔很好地保留了这一时期的建筑特色。拉合尔是巴基斯坦第二大城市，地处富庶的印度河上游冲积平原，雨水充足，拉维河由北向南流经城西，市内树木葱茏，素有“花园城市”之称。它经历了两千多年的沧桑，被巴基斯坦人称作“灵魂”。在印度教传说中，拉合尔建城的历史可上溯到史诗《罗摩衍那》和《摩诃婆罗多》，而第一个关于拉合尔的可靠记录则来自玄奘的《大唐西域记》，那可是公元630年的事了。著名的拉合尔古堡雄踞于老城西北，始建于11世纪的迦兹纳维王朝时期，到17世纪莫卧儿王朝时期又进行了大规模扩建。此后，贾汉吉尔、沙·贾汗、奥朗则布等帝王先后又增修扩建了花园和寝宫，使其成为一座颇具规模的皇家行宫。拉合尔古堡用红色沙岩和白色大理石修建，同莫卧儿王朝时期修建的位于印度的另两座古堡阿格拉堡和红堡一样。整座城堡呈长方形，东西长450米，南北宽350米，城墙上建有碉堡和射击孔，

城内则有21座建筑物。雄伟的宫殿由高大的城门和厚实的城墙护卫，装饰考究，连画廊上的石柱都饰有千万颗彩石镶制的图画。传说沙·贾汗为了爱妃泰姬，在拉合尔古堡内修建了著名的镜宫，好让她即使躺在床上也能看见满天的璀璨星斗。在匠人的精心构思下，镜宫用上乘的大理石造就，宫殿内侧顶端有一个穹形圆顶，四面墙壁上镶嵌了各色珍贵宝石，穹顶和四壁粘贴着90万片红色、蓝色和褐色玻璃镜片，只需在大殿的中央点起一根蜡烛，各色镜片便可交相辉映出一片浩瀚的星河，其情其景着实气象万千、动人心魄。镜宫的拱门和柱子上饰以繁缛的装饰，地面用磨得滑腻透亮的灰色大理石铺就，行走在上面恍如神仙穿行在云间。拉合尔古堡和泰姬陵是相互呼应的，此所谓“生的恩爱缠绵，死的哀伤寂寞”啊。

穿行在拉合尔新老城区，与莫卧儿帝国时代遗留下来的老建筑相映成趣的则是英国殖民统治时期修建的商业中心、水利电力发展局大厦、旁遮普大学新校园、巴基斯坦独立纪念塔、烈士清真寺和伊斯兰国家首脑会议纪念塔等。

◥用石材作为主要建材，也是相当不易的一种设计。

◣看似乱糟糟的厨房体现了巴基斯坦人随遇而安的性格。

墙上是房间装饰的重点，有历代家族成员的肖像和照片，箱子的摆放也很有特色。

淋浴在巴基斯坦是很奢侈的享受。

这些建筑排列整齐，更具有现代城市的风貌。被历史磨砺的老城就在这摩登的影像里，隐隐散发着古旧的魅力。

对于巴基斯坦而言，建筑既是艺术，也是文化，还是历史。曾经莫卧儿王朝的辉煌，曾经作为英殖民地的屈辱，曾经饱受印度的歧视到最终的独立……透过建筑，我们可以体会巴基斯坦异域文化的精髓，可以探寻巴基斯坦文明演变的脉络，可以感受巴基斯坦千年的历史积淀。

夜色升腾，清真寺的圆顶依稀可见，蒙着面纱的女子款款步过街头，小吃摊位上飘来咖喱特有的香气……在这个有着“一千零一夜”风情的奇异之国，古老的故事正在复活，新鲜的故事正在流传，新旧故事的交替、蔓延会让你意乱情迷恰如蒙上一层薄如蝉翼的面纱么？

India

印度

◤19 世纪，各式各样的具有殖民地色彩的房子，反映了印度特别的历史，而如今，日益稀少的这类房子也在进行功能的转换。

◣印度建筑的外观很容易有宗教的感觉，也很容易有高原的感觉。

娑罗双树，是传说中印度最古老神秘的意象。《大般涅槃经疏卷一》中有记载：娑罗双树者，一方二株，四方八株，悉高五丈，四枯四荣。下根相连，上枝相合，其叶丰蔚，华如车轮，果大若瓶，味甘如蜜。这树总是两相对望，象征着生死无常，欢乐喜忧。在释迦牟尼涅槃时，它突然变白，花朵落下，和着夜空中莫乎罗伽清梵的低吟浅唱，盘旋飞舞，至美之境，绝非世间语汇可以描摹。

宗教的影响让印度成为我们这个星球上最暧昧莫测的国度，伶牙俐齿的美国人马克·吐温曾言简意赅地形容道：印度，你只要见她一眼就永远难忘，这里同世界其他地方都不一样。此后每一个到印度的人都会由衷地赞同他的评语，因为在佛的国度里，每一样东西都是真实的存在，而每一样东西也都是缥缈的幻影，语言便是首当其冲的苍白无力。

印度位于南亚次大陆三角形半岛上，东临孟加拉湾，西濒阿拉伯海，南隔印度洋与斯里兰卡、马尔代夫相望，陆地则与巴基斯坦、中国、尼泊尔、不丹、缅甸和孟加拉

等国接壤。北部雄伟的喜马拉雅山形成一道难以逾越的天然屏障，把印度同北面的亚洲邻国隔离开来，只有西北部的兴都库什山和东北的那加山脉有一些通往外部的山口。印度幅员辽阔，地理和气候条件差异很大，从北到南既有白雪皑皑的“花雨雪国”，又有森林蔽野的莽莽高原；既有干旱少雨、人迹罕至的拉贾斯坦沙漠，又有土壤肥沃、雨量充沛、宜于农耕的恒河平原。

印度一词，意为月亮。中国西汉时曾以谐音称之为“身毒”，东汉时又改称“天竺”，到了唐代高僧玄奘才明确提出了“印度”的称呼。印度的文明源头的最初，来自奔腾流淌的印度河，其历史可以追溯到公元前 2300 多年，是地球上最早的文明遗迹之一。公元前 1800 年左右，印度进入恒河文明时代，其后，孔雀王朝建立统治，至公元前6世纪，释迦牟尼创立佛教。印度的古代历史是一部纷繁复杂、邦国林立的传奇，公元 16 世纪起，蒙古人入侵建立起浮华的莫卧儿王朝，17、18 世纪以来，波斯人、英国人、荷兰人

◥层层叠叠，断而相连，是典型的印度民族建筑样式。

◣蜿蜒的水景在庭院中穿行，有天然空调的作用，使门廊处处可以呼吸到清新的空气，听到叮咚的水声。

◥炎热的气候使得室内具有了半室外的性质，室内的布置方便坐卧。

◤接待区的墙上是房间装饰的重点，有历代皇室成员的肖像、照片和壁画。

纷纷进入这块富庶美丽的南亚次大陆，伴随着他们而来的各种文明也前后涌入，与滔滔的恒河水碰撞融合，最终聚而为一，形成今天我们所见的印度风格。

印度风格因其源头的混杂多样常让人犯迷糊，但其气质风情的一致性也同样让人惊异。无论音乐、绘画还是建筑，那种兼及了单纯与综合的特质都鲜明入眼，风情摇曳。如果我们看到将卡玛经（Kama sutra）的色情篇以夸张的形式表现在庙宇的石墙上，并将它们与主张禁欲主义（asceticism of yoga）的瑜伽放到一起，真会感觉于理不通，但这种真实地存在于印度生活中，非常对立但却又奇妙调和的矛盾因素却是理解印度风格的关键。这里同世界其他地方都不一样，却使得人对于她的期待变得如此复杂暧昧，诱惑和恐惧，想象和怀疑，众多相互对峙的情感仿佛喜马拉雅和印度洋的距离。所有的神秘陌生就都淹没到了异常丰富的皮相之下，不可追究。

印度风格的建筑是一种奇特的宗教和世俗文化的结合

体。宗教从古至今一直主宰着印度人的精神生活，左右着人们的审美趣味、价值观念和行为准则。这里曾先后产生并流行多种宗教：印度教、佛教、耆那教和锡克教均起源于此，伊斯兰教、基督教、犹太教和琐罗亚斯德教等在印度也都有自己的信徒。宗教建筑是印度最鲜明的文化符号，而邦国的动荡、异族的入侵使得印度有数以百计的民族和众多的部落，并形成众多语言。印度风格也因此呈献出举世罕见的多样性。它丰富，具变化，并且天生地包容。每次新的元素到来，都给印度风格带来不同的成分，但又如百川入海，天衣无缝。

印度的建筑，融入了耆那教建筑与波斯建筑的样式，喜用球形穹隆顶和高耸的拱门，形成一种挺秀的建筑风格。印度的穹顶将穹隆的顶点支在细长的柱上，也因此有了比罗马、波斯建筑中空的半球形穹顶更大的支撑空间，呈现为球形或蒜头形，拱门则天才地衍生为马蹄形或多叶形，修长而秀美，构成建筑的主调。印度建筑的外立面总是喜

◤蓝色房间将闺房和宫殿的其他部分连接起来，墙壁和天花板上都装饰着蓝白两色卷曲的葡萄藤纹和植物图案。

◥壁龛样式的凉亭，内壁都用圆形的镜子镶嵌，非常美丽。

◣印度风格中，大理石镶嵌和镀金工艺也大量地使用。

◢厚重的月亮门，上面装配着尖锐的锥形铁刺，可以在敌人入侵时抵抗大象的进攻，四周拱形的门廊照例装饰着植物图案的壁画。

◣印度地方的艺术学校学生运用花型图案和金色的叶子来装饰墙面。

◥墙上的装饰阁里陈设着来自中国的珍贵的青花瓷器，雕工华丽的坐椅和茶几更显得小小的起居室贵气迫人。

◤墙上传统印度美女凝望拱形门道的装饰手法，其灵感来源于伊斯兰设计，令这个现代的卧室呈现出独一无二的美丽。

用无始无终的几何折线铺排包裹住，又或者将楼顶栏杆或侧墙面镂空为几何形状的隔栅，透气透景，精细而不腻味，繁复却又单纯。不管它们的结构、细节如何变化，它们的造型都有几分相似，都像“凝固的大帐篷”，有某种天真粗犷的个性，据说这出自莫卧儿王朝的祖先，由铁木真带领踏入这片土地的蒙古人。无处不在的内廷水景则来自穆斯林的传统趣味，整齐堆成的园林设计则显然取自欧洲殖民者的审美风格了。

印度的建筑材质是其最可标榜的特色风格。那些伟大的建筑师们喜用单一纯粹的石材，比如红色砂岩或白色大理石，色彩和质地在气质上的高度统一，造就出人类建筑史上不可磨灭的典范之作，最典型的例子便是纯白的泰姬玛哈陵。这个被泰戈尔称为“永恒面颊上的一滴泪珠”的皇家陵墓，就是一段凝固的爱情。它通体用白色大理石砌成，外形端庄华美，寝宫门窗及围屏都是镂雕而成的菱形带花边小格，墙上装饰着翡翠、水晶、玛瑙、红绿宝石镶

嵌的色彩艳丽的藤蔓花朵，光线所至，光华夺目，璀璨有如天上的星辉。从清晨到夜晚，泰姬陵在变幻的光线中由纯白到金黄，粉红到淡青，再回归银白，靡丽动人不可言喻。当它与红色沙岩建造的沉稳威严的阿格拉红堡遥遥相对时，印度建筑那单纯雄伟之美，纹饰色调之丽便都有了最生动的注解了。只可惜那位莫卧儿王朝最多情的国王沙·贾汗没有能够实现他的毕生夙愿：在泰姬陵对面为自己修建一座纯黑的陵墓，以黑白大理石桥跨河与泰姬陵相连，让爱情超越生死而永恒停留。虽然没有实现，不过单凭想象，也已经是一种难以想象的美丽了。

在室内陈设方面，印度风格同样以奢靡的华丽为标志性特点，并且集中表现在软装饰方面。因为习惯于席地而居的生活，在传统的印度人家里，一般只摆放着有限的几件家具，瑰丽的手织地毯、刺绣帘幕和大量柔软的布艺靠垫是室内装饰的主题。就像印度人热衷的人体彩绘一样，他们在家居布置方面同样喜爱繁复精美的螺旋花纹、连枝花草和人物肖像，这三者之间变幻万千的组合构成了印度风格最突出的纹样符号，大面积地出现在墙面、穹顶、梁柱、门廊，以及各类纺织品，甚至是家具表面。乍看仿佛过于铺张，细细观赏却是比例恰当，主次有序，意境悠长，正是佛教教义中生死轮回绵绵不觉的写照。

木制家具是印度风格的基本形式，喜用当地特产的檀木或玫瑰木等名贵硬木制作，色泽亮丽，质感细腻，款式朴拙，但却常常铺之以精美的雕刻纹样和细密的彩绘，并用包铜和错铜工艺进行局部装饰，手工味道和古典气质非常浓郁，几乎没有一件的尺寸和细节是一样的，很个性化。

◤贝壳形状的券洞框选出一块休息区，素雅的坐垫和靠垫使得这个素白的空间十分协调。

◥镜子被框在富有花草纹路雕刻的木框内置于床头墙上，与卧室内丰富的色彩、图案和建筑细节相对应。

◣富有情趣的手绘花纹以及器皿挂件令原本平淡的墙面生动起来。

◢空间的扩展与整合在这里表达得十分贴切。

◥这个旅店内漂亮的圆形休息室拥有丰富的色彩和各种活泼的装饰细节，置身其间，心情也随之愉悦起来。

◤白色的遮篷与水蓝色融合于同一空间内，创造了平静、浪漫的卧室氛围。

其中，印度式的矮桌是一种非常具有特色的传统家具，它可以根据需要做成或简单或繁复的各类样式。矮桌上再摆放盛放着芬芳花瓣的金制的铜碗和银碗，一组像片和一支烛台就让人产生梦幻的意境。藤制的长沙发椅也是久负盛名的印度风格家具，却也带着强烈的殖民地特色，在炎热的下午躺在上面小憩，大约是每一个西方人的东方梦了。还有一种秋千椅，也是最具印度特色的，它使人联想到一种悠闲的生活，与典型的维多利亚样式家具相映成趣，成为印度历史的曼妙缩影。

色彩也是印度风格的重要元素。印度人喜爱来自生活的浓烈单纯的色彩：椰汁的乳白、芒果的金黄、孔雀羽的宝石蓝绿，辣椒的火红……他们也喜爱来自宗教性的高贵和虔诚之色：代表伊斯兰的白，代表婆罗门的蓝，代表禅宗的土色……而同时，依照风水的理论，印度人对代表风的白色和银色，代表水的蓝色，代表土的褐红色，代表火

金色的光带让浴室在原始氛围中突显奢华。

内廷的园子里有一个莲花池，水流在这里成为主角，淙淙的喷泉带来清爽的空气，夏日也就凉快了。

的红色也都情有独钟，他们喜爱在室内适当地采用一些鲜艳的颜色来展示亚热带风情，并在装饰纺织品如帘幔、地毯和挂毯上使用靡丽光亮的重彩来显示富贵和繁华的美丽。那些精美的印花或扎染的图案设计，闪闪发光的沙丽，缀着小金片的天鹅绒床帐，都充满了这个“花雨雪国”的独特情调。此外，富有神秘气息的宗教图形和文字符号也是印度风格中最迷人的元素之一，因为它的含混的晦涩，也因为它妖娆的美丽。

“深刻而模糊，清晰却显现”，印度的魅力就是这样的莫测而耐人寻味，如同远古壁画中绝色的阿修罗，当她带着诱惑跳起摩登伽的舞蹈，那么极乐的西天也就在眼前了吧。

尼泊尔

朴素的砖木民宅，与庭院中的绿意相得益彰。

尼泊尔有种令人着迷的魔力，这个隐藏在重重几乎不可逾越的雪山峡谷里的宁静的小国，被许多人看作宇宙中心神秘的精神家园，人们世世代代，不远万里前来朝拜他们心中的神祇。高耸的凯拉斯山，圣洁的玛旁雍错湖仿佛人间的尽头，神国的入口。尼泊尔是真正与世隔绝的。这个人间的天堂其实位于南亚次大陆的北部，亚洲的心脏地带，世界屋脊喜玛拉雅山脉的南麓。地形东西狭长，南北较短，最窄的地方约145千米左右，北部紧靠中国的西藏自治区，东与锡金和印度的大吉岭相连，南边、西边均和印度接壤，是个封闭的内陆山国，与世界上的其他国家地区完全无路可通。

尼泊尔绝对是美丽无比的。虽然地处偏远山区，但冰川融化的水源涓涓不断，形成尼泊尔境内丰富的水系，河流、湖泊，小溪、山泉随处可见。地形由北向南递降，短短不到200千米的宽度，却呈现精彩无比的四级陡降阶梯，历经高寒、寒冷、温带、亚热带多种气候带，自然风光变化万千：喜玛拉雅高山区雪峰林立，冰川如瀑，世界著名的十大高峰中，有八座就集中于此，在高原阳光的照射下，它们云蒸霞蔚，瑰丽无匹；山地河谷区水系密布，土地肥沃，气候宜人，著名的加德满都谷地和博卡拉谷地草木葱茏，人烟稠密，是尼泊尔文明的发源地；低山丘陵区密林环绕，灌木丛生，飞禽走兽怡然自得，是南亚最著名的自然野生动物乐园；在南部与印度接壤的地方则是低地平原，属恒河平原的一部分，土地肥沃，交通便利，得益于印度洋暖湿的季风雨，有“尼泊尔粮仓”的美誉。

通常认为尼泊尔的人类居住史大约可以追溯到公元前

◥繁复华丽的木雕装饰，宗教人物和纹样图腾是尼泊尔的独特风格。

◢雕工细腻的水法庭院，营造出遗世独立的宁静禅韵。

◣尼泊尔红砖筑成的传统民居，有着精雕细琢的木窗。

◥尼泊尔的古代雕刻艺术享有盛名，精美的雕刻原汁原味地保留着。

◤面部造型是尼泊尔常见的装饰图腾。

◥对于尼泊尔人而言，大门的装饰非常重要。

◣金属镶嵌，彩绘，浮雕都是经常运用的手法。

◢趋吉避凶，祈福许愿，合家的愿望都写在一扇扇的大门上了。

8000年左右，但因为缺乏可靠的文字资料而无法求证，尼泊尔人及其王国的起源于是被赋予一种神秘气息，传说中远古时加德满都谷地是一个群山环绕的大湖，有圣人用利剑劈开山峰，湖水泄出形成谷地，于是人们开始耕种放牧，修建城市，繁衍生息。而根据公元13世纪成书尼泊尔王朝和语言世系记载，在加德满都谷地出现最早的王朝是戈帕尔“牧牛人”，接着是阿希尔“牧羊人”，公元前600年左后，被称为“山地人的战士”的克拉底人从喜玛拉雅山麓迁入，击败了之前的统治者，建立起强大的克拉底王朝。克拉底人给自己的王国取名为“尼泊”，克拉底语里“中间的国家”的意思，这是尼泊尔历史的开端。尼泊尔最初的王国局限于中部山地，在南部接近印度的塔拉平原区则有另一些文明部族出现，其中最著名的就是蓝毗尼，公元前543年，当地统治者得了一个儿子，取名乔达摩·悉达多，他在菩提树下顿悟，创立佛教，被后世尊称为“佛祖”。

尼泊尔有文字记载的历史始于克拉底王朝之后的李查

维王朝，该王朝的马纳德瓦国王于公元464年在毗湿奴神庙树立了一块碑铭，记载自己平乱的功绩，才使得今天的人们有机会了解当年王朝的种种情形。不过，更为丰富生动的记载可见于中国的史书：公元637年，西天取经的玄奘法师曾描述他眼中的尼泊尔国王“志学清高、纯信佛法、重学敬德、遐迩著闻”，是一位雄才大略的贤明君主。当时的尼泊尔有木头建筑的房子，并经过精心的粉饰和雕刻，人们精于农耕，佛教和婆罗门教在各大寺庙里繁荣兴盛，相安无事，手工业、商业和贸易都蓬勃有序，与中国和印度之间建立起通畅而平凡的往来，并形成了自身独特的文化传统，直到公元879年。

公元879年之后的四百多年，是尼泊尔历史比较混乱的过渡时期，众多的公国同时存在，被称为“黑暗年代”。直到公元1200年马拉王朝兴起，尼泊尔终于进入了又一个富庶昌盛且具有高度艺术水平的文明时期。马拉王朝因为

◥晶光铿亮的餐具给黑白搭配的墙面带来丰富的变化感，空间也就生机勃勃起来。

◣舒适的起居空间，是源自印度席地而坐的习惯，轻易便获得宾至如归的惬意感受。

◥回转相连的廊桥，正是南部亚热带的风情。

◤木楼略显晦暗，用两个落地窗来增加室内光感。

◣稳重的深色粗木家具和内饰，配衬极具本土风格的彩色手工地毯，空间氛围立刻温和了许多。

王权争夺而分裂成加德满都、巴克坦布尔、贝内派和帕坦四个城市国家，他们不但在战场上争夺土地，也在文化上相互比拼，而他们天赋的艺术才能也藉此被大大地激发，将加德满都谷地变成了建筑与装饰艺术的圣地。帕坦地区拥有 21 个塔尖的黑天神庙，巴德岗的 55 扇窗宫殿，尼亚塔波拉五层塔，大觉寺等都是不可多得的尼泊尔建筑典范之作。

马拉王朝的统治最终在廓尔喀人的手里结束，1768 年沙阿王朝建立，1816 年，英国势力进入尼泊尔，1846 年拉纳家族通过暴力政变夺取权力，尼泊尔进入历时一百零五年的首相世袭独裁统治时期。1951 年沙阿王朝的特里布文国王恢复权力，实行君主立宪制，尼泊尔开始了现代化的进程，直至今天。

尼泊尔的建筑装饰艺术有着辉煌的成就。中国唐代出使南亚的王玄策就曾在他的笔记中盛赞一座名叫“凯拉什库特”的大厦，称其“层高有七，可容万人”，可见工艺

水平之高。尼泊尔传统的民居喜用砖体木梁，多层重檐，一般至少有三到五层，有木制的大门、围廊、窗户和檐柱，结构突出，辅以精美的木雕工艺，形如宝塔，是最典型的尼泊尔建筑形式。这种基本构造法式同样被应用于巨大的宫殿和庙宇，成为尼泊尔恢弘的城市风景。建筑物多呈方形或长方形，每层的屋角和顶檐都以扁形柱头与下一层的墙体相连，透雕的木格栏杆围出大气的阳台，便于观礼赏景。梁柱多用半圆形拱券，上面满绘花鸟鱼虫和各式神像，柱头饰以镇角兽，每一扇窗户都是一幅精工细琢的艺术品。在建筑的屋顶和门窗上，尼泊尔人喜用鎏金的铜雕作装饰材料，顶有华盖，檐缀铜铃，宝光夺目华美非常。

建筑之外，尼泊尔独特的装饰手工艺也是其风格不可或缺的点睛之笔。其中，细腻精美的彩绘宗教唐卡画是尼泊尔建筑壁画的不变主题，色彩鲜艳，造型妩媚，令人叫绝。石雕、木雕、金属造像艺术同样是尼泊尔最富盛名的装饰珍品，大型造像集铸造、雕刻、镶嵌、彩绘于一体，纤毫

◥露木的横梁装饰和壁龛设计，让小小的会客室在现代中依然蕴含优美的民族特色。

◢壁龛的设计让物品收纳呈现出有趣的装饰效果。

◣隐秘奢靡的内室，精美的纺织品传递出浪漫的气息。

◤红砖砌就的壁炉上也有庄严佛龛庇佑，带来一屋的平和宁静。
◥流丽的装饰弧线是来自欧洲的审美口味。

◣暖暖的灯光让浴室温馨无限。

毕现仪态万千，宗教故事、世俗生活，花草树木、飞禽走兽不一而足。库尔马赤陶、金属丝编制并镶嵌着宝石的器皿、斑斓的手工挂毯等等更是塑造尼泊尔风格的重点元素。

纵观尼泊尔的千年历史，它是许多宗教的集合体：原始崇拜、印度教、佛教、萨满教、锡克教等都在尼泊尔的文化中占有一席之地；它也是多达六十几个民族的集合体：原住的卡斯族、塔鲁族、尼瓦尔族、马嘉族等，古代由中国藏族边界移居的菩蒂亚族、舍巴尔族、塔卡利族等，中世纪从印度迁徙而入的拉吉普特族等；它更是多种文化的集合体：中国、印度、英国等各个国家的特色元素统统在此化而为一。但这一切在巍峨的雪山，澄澈的冰湖，轻柔的梵歌和平静的颂经声中又都显得那么的不足轻重无关紧要了。无论来自哪里，或看着像什么，这就是尼泊尔——往前一步就是天堂。

Bhutan
不丹

◤这是不丹最神圣的佛教寺庙，被誉为世界十大超级寺庙之一的虎穴寺。它坐落在帕罗山谷1000米高的崖壁上，传说8世纪时莲花生上师曾骑着飞虎从西藏来此降妖服魔。虎穴寺建于1692年，曾遭火灾，1998年重建。

◣隐藏在山中的民居建筑。

小小的不丹王国坐落在遥远的喜玛拉雅群山中，是个关山万里世外仙居般的美丽国度。不丹的名字，在古老的梵文里，是“西藏末端”的意思，而不丹人自己，则喜欢称自己为“南门檀香国”，“兰域”，又或是“神龙王国”。总而言之，都取的是圣洁神圣之意了。

不丹地处高山内陆，峰峦叠嶂林木葱茏，平均海拔在6000米上下，北部与中国西藏为邻，南部与印度接壤，国土东西长约300千米，南北长约150千米，面积46000平方千米。境内山脉连绵，地势北高南低，南部山区属亚热带气候，湿润多雨草木丰沛；中古河谷区有阿穆曲河，旺曲河和莫曲河蜿蜒流淌，气候温和宜人；北部高原气候严

寒白雪覆盖，人迹罕至与世隔绝，随处可见兰花、野罂粟自在生长，雪豹、南亚虎、蓝绵羊闲庭信步，风景和谐。

不丹的历史悠久，根据考古发掘，在公元前2000年已经有菩提亚人和尼泊尔人生活栖息在旺曲河谷。最早文字记载见于中国的《隋书·附国传》：附国之南有薄缘夷，予隋大业年间朝贡。可见隋唐时期不丹就是中国关系紧密的邻国了，至今西藏仍称不丹为薄缘。早期的不丹居民中有不少是公元7世纪之前移居而入的印度人，公元650年不丹为吐蕃吞并，所以之后不丹居民大多为迁居的藏人后裔。公元1616年(明万历44年)西藏高僧阿旺·纳姆前往不丹，建立了政教合一的集权统治，其后，不丹的政权就由轮回转世的宗教领袖和世俗国王共同执掌。19世纪之后，不丹先后受英国、尼泊尔、印度的部分管辖，直至1971年获得完全独立，成为君主立宪制的主权国家。

不丹人大部分笃信藏传佛教，少部分人信仰印度教和原始宗教，境内寺庙星罗密布，村村有寺院，家家有佛堂，全国有近2000座寺庙和1000多座佛塔，梵歌处处暮鼓晨钟，

◥不丹多山地和河流，建筑则和我国西藏同属一种类型。

◢不丹首都廷布，又名“扎什曲宗”，位于西部旺河上游廷布谷地，海拔2500米。这里有12条主要街道，都幽静清洁，街道两侧分布着商店、旅馆和电影院；居民住宅大多分散在旺河两侧，多为两三层的土砌楼房，底下用来饲养家禽、储存工具和粮食等杂物，上层是居室。整个住宅描红绘绿，色彩鲜艳。

◣帕罗宗的廊桥建筑。

175

寺院内的绘画色彩艳丽，充满张力。

门饰中的如意头、角云子、门框装饰都非常经典。

国家甚至专设僧官，协助国王管理国家大事，非常具有特色。正因为如此强烈的藏传佛教影响，使得不丹的传统建筑装饰风格完全围绕着宗教建筑而展开，类寺庙的建筑形制成为国王对于全体不丹人的明确要求，无论是学校、医院还是银行、住家，都必须严格按照规范的传统样式建造装饰。

城堡样式的“仲城”，或称为“宗”的建筑，是不丹最具代表意义的建筑样式，最初由西藏传入不丹，但后来却是不丹保存了最为完整的“仲城”文化。“仲城”多以山洞或岩石为基础，依其地势而兴建，可以攻防兼备。不丹人运用木工艺术，把它们修建得多彩多姿，精致宏伟，亭台楼榭，芳草如茵，呈现出不丹传统建筑的艺术风格。不丹王国是由二十个行政区组成，每一区都由一座中心的“仲城”来治理，而且这些二或三层的“仲城”，数量及建设面积巨大到足于容纳那一省的人口来躲避战争。最著名的“仲城”就是首都廷布的扎什曲宗。这座建于公元13

世纪的建筑堡垒式的庭院里共有100多间房屋，不丹国王办公室、赞都（国民议会）及国家最大的寺院都设在这里，可以说是不丹全国政治、宗教的最高权力机构所在地。廷布最初就是由扎西曲宗和附近几户农舍组成，直到1955年不丹国王定居于此，才在1962年正式定廷布为永久性首都。地势高耸的廷布冬季气候寒冷，但其他时间气候温和宜人。城市周围森林密布，空气清新。

在室内的装饰方面，佛像唐卡和高僧画像，以及佛像雕塑则是最重要的构成元素。用工笔细描的唐卡，描绘僧侣修行场景和宗堡风光的画作经得起圆轨的测量，而用金属、泥石、木料和糌粑、酥油、贝壳等作为材质，塑造出的各种佛、金刚、法王、度母形像则不可不谓之栩栩如生，精致的金、银、铜工艺更为此雕像增添了艳丽的装饰，人

◥这是不丹境内第二古老的寺院——普那卡宗，建于1636年。不丹人相信但凡两条河或两条路交汇之处，即是圣灵集中地。普那卡宗建于不丹的两条主要河流Pho Chu和Mo Chu之间，水声淙淙，格外宁静，院中有一棵菩提树，古木参天，更添幽静。

◢帕罗宗的内部建筑，周围住着不少僧侣。

◣不丹传统建筑的砌筑采用两种方法来提高建筑的稳定性。一是收分墙体，墙体下宽上窄，建筑物重心下移；二是墙体主要砌筑是生土和毛石，墙体很厚，可达两三米。

◥不丹的许多建筑中，室内墙面上都装饰宗教题材的绘画。

◤寺院的建筑平面以矩形为主，这是喇嘛们围绕寺院在做仪式。

◣布姆唐宗的库杰寺，具典型的不丹传统建筑特色。其外墙色彩一般以白色为主，门框、门楣、窗框、窗楣、屋顶、过梁、柱头等同时调绘多种色彩，手法大胆细腻，表现效果简洁明快，通常使用的色彩有黑、红、黄等。

◢通萨宗位处东西军事要塞，耸立于海拔 2200 米的高山之上，于 1648 年依山势建成。

们的虔诚之心也可略见一二。在色彩方面，白、黑、黄、红等原色的大色块成为主题，表达出明确的宗教含义：吉祥的白，驱邪的黑，护法的红，脱俗的黄等，尤其非常注重建筑物的外墙，描红绘绿色彩明艳，而在门框、门楣、窗框、窗楣、墙面、屋顶、国梁、柱头等细部也非常重视色彩装饰。室内家具也较多地采用堆金、描金、起线和平画等各种技法，以各种宗教故事为主题的装饰手段，华丽非凡。

不丹人称自己追求的是“全民的幸福”，每一个人的，并且是身体、物质、心灵、情感上全然的幸福，那幸福或者就寄托在永不停息的转经轮上，一圈一圈，亘古仿佛一日，生命如此平和、宁静而美丽。

Sri Lanka
斯里兰卡

◤内廷的天井由水池构成，中间布置着大缸，具有禅的味道。

斯里兰卡作为印度洋上的岛国，位于南亚次大陆南端，西北隔保克海峡与印度半岛相望，它如同印度半岛的一滴眼泪，落在广阔的印度洋海面上。它的历史可以追溯到公元前6世纪，从公元5世纪至16世纪，岛内僧伽罗王国和泰米尔王国之间征战不断。16世纪起先后被葡萄牙和荷兰统治。18世纪末成为英国殖民地，并在二战中成为盟军在南亚对抗日军入侵的海军基地。1948年获得独立，定国名锡兰，1972年改称斯里兰卡共和国。1978年再次改名为斯里兰卡民主社会主义共和国。

由于地理因素，印度文化对她的影响是最直接而深远的。而近五百年的被殖民历史，葡萄牙、荷兰和英国的痕

迹也被深深地烙在这片土地上。欧洲的建筑样式和生活方式在这个岛国生根开花，并和“狮子国，无畏山，僧迦罗人，佛足上的彩绘，五色宝石，红茶”等意念混合在一起，构成复杂的句法。

斯里兰卡的建筑是最典型的南亚地方建筑：狭长而弯曲的街道有效地阻止了风沙，街道两旁的建筑层层出挑，挑檐深远的外廊、游廊或阳台，既能遮挡烈日的暴晒，也为人们提供了舒适的休闲场所。水是斯里兰卡居住中不可缺少的，通常较大的房子前总有一汪清澈的水面，成为一个自然的降温池，同时也映衬着外廊式的建筑。屋檐下会摆放一组陶罐，这种储水的器皿在此变成一种装饰符号，更成为景观不可缺少的一部分。这也是东南亚建筑普遍的特色。但与泰国和巴厘岛传统木构造建筑不同的是，作为完全殖民地的斯里兰卡，其表现更有自己的特点：西班牙式，

◤门外餐厅的设计适应了南亚高温和多雨的特点。

◥封闭的墙体上点缀着百叶窗，赤陶的瓦片，水泥的楼梯，浓郁的色彩，整个建筑有一种西班牙殖民风格的味道。

◢室外一景，布置出一块休憩的安静之地。

◣内院，蓝色非常醒目，使得空间充满了个性。

半室外的餐厅，挺括的混凝土餐桌台面，老式的木框玻璃柜，灯悬吊在桌子中央，典型的混搭风。

厨房中的混凝土搁架，其粗犷肌理和精细的玻璃及陶瓷器皿形成对比。

法式，或英式的建筑和水池，与成片的椰子树搭配，形成一种时空交错性，外来的旅人很容易找到与家相似的感觉。

斯里兰卡家居的室内都是向环境开放的，半封闭和开敞空间形成室内的主要景致。一方面是气候所致，另一方面也是本地的建筑平面布置特色。在这个炎热的地区，开放的空间让环境和室内界限变得模糊，很多两层建筑的底层都是架空的，成为开敞空间，摆放着家具，变成露天客厅。很多大户住宅中都设有凉亭，坡屋面的凉亭四面开敞，适应了四季风雨的变化，也成为家里的另一个聚会厅。斯里兰卡人很会利用这些只有顶棚的空间，通过适当的家具布置，就可以将其变成餐厅、厨房或卧室。在一些房子中，门是四面八方都开启的，这既是使用的方便，更是通风的需要。与文化传统相似的邻国印度繁复绚丽的装饰相比，斯里兰卡室内空间中的颜色是简单的。白色是他们常用的

颜色，代表着“五行”中的空气。白色的室内：白色的墙面和地面，浅色的布艺家具，既减少了辐射热和阳光直射，又对热量进行了反射，而且还可以使空间显得宽大。

斯里兰卡家居中的室内家具颇为多样，这反映出斯里兰卡本身文化的多样性和主人不同的文化喜好：笨拙厚实的荷兰衣柜，精巧细致的法国圈椅，甚至还有舒适简单的“宜家”家具，都可以和谐地组合在一起。同样对于中国文化的迷恋，从郑和下西洋起开始，从中国传来的茶叶，在斯里兰卡发扬光大，成为其最重要的标志产品。中式的画轴、匾额、瓷器、家具，都是室内布置中经典的场景。看来混合搭配是东南亚殖民地区装饰的一个通法，这里也是流行

◤白色是室内空间中常用的颜色。

◥宽敞的外廊遮住了阳光，从而使室内十分静谧。本地艺术家创作的油画悬挂在床前，具有浓郁的地方气息。

◣花格门套，花织床罩都极富民间艺术气息，油然而生亲切感。

◢卧室一景，墙面上的木格栅和门窗上的镂空铁艺都可以加强通风。

◣四柱床通过纱帘形成一个舒适的就寝区域，整个空间以白色为主，高耸的柚木门在空间非常醒目。

◥这间多用途的房间由厨房和会客厅组合而成，木质的躺椅适合坐卧，墙上的油画其肌理和墙面涂料有一种呼应。

◤室内家具的形态在挑高的空间显得特别丰富，斑驳的木构架支撑的玻璃茶几非常具有现代感。

世界“混搭”风格的发源地之一，斯里兰卡的装饰因而表现得没有太多地方符号，显得更加国际化。电风扇也是室内外常用的降温工具，在室内也是场景中的一部分，电扇的微风和轻轻的声响，是宁静下午的伴奏，陪伴人们度过那些记忆中悠闲的美好时光。帐幔是热带居住卧室中不可缺少的，白色的帐幔隔离出一个不受干扰的空间，也给室内增添了几许柔和的情趣。散淡而闲适的生活态度从家居的装饰中无不透露出来。

斯里兰卡殖民地的建筑遗产十分丰厚，无论是荷兰殖民地样式的村庄，还是ART DECO风格的大厦，在这片土地上形成多样性的视觉景观。而新的斯里兰卡人却结合传统，又创造性地构筑出很多新的家园，它们脱胎于传统，形式却更加简洁：出挑深远的陶瓦坡屋顶，开敞的底层空间，

◤挑高的空间，木屋架显得十分醒目，浅色的沙发与环境融为一体。

◥室内的白色十分清爽，墙上悬挂着ART DECO风格的钟，带有轮滑的旅行床是舒适生活的体现。

几近落地的带形长窗，四周被玻璃围合起来，传统在新旧材料的结合和新的工艺形式中复兴起来。与气候结合是这里最大的特色，你很少看到纯粹的国际样式，这些对热带生活方式的提炼和对国际式的再组合，更加让来自世界各地的旅者享受到现代生活的舒适，并充满欣喜。

Maldives
马尔代夫

◤亭亭立在水中的高脚木屋，可爱的尖顶是椰子树叶编织而成的，这时马尔代夫的标志性景观。

很多人是从小猪麦兜坚持不懈的喃喃低语才开始知道马尔代夫的，那里椰林树影，水清沙幼，蓝天白云，是印度洋上的世外桃源……于是一个很遥远又陌生的地方变成了平民大众的前世乡愁，今生梦想。

马尔代夫的确比任何的想象更加接近最美丽的天堂，它位于赤道附近的印度洋中心，邻近印度和斯里兰卡。面积约 7 万平方千米的海域里，是由大大小小，从北向南经过赤道的一列长长的，上千个小岛组成的珊瑚岛国，每一个珊瑚岛的面积不超过 2 平方千米，平均海拔高度只有 1 米左右。从空中俯瞰下去，古代海底火山爆发形成的小岛，有的轻柔隆起仿佛沙丘，有的中央下陷如同环湖，岛中央

是翡翠一样的浓绿雨林，四周则是细雪一样的纯白沙滩，星星点点蔓延开去，融入从浅绿、水蓝、深绿再到碧蓝层层变幻的清澈海水中，还有水晶般的泻湖，澄净高远的蓝天，高大摇曳的椰子树，曼妙生姿的珊瑚丛，自在穿梭的五彩小鱼，美丽不可方物，名副其实是印度语中的Malodheep（花环），一簇簇美丽的花朵漂浮在大海中央，马尔代夫的国名（Maldives）也正是由此而来。

马尔代夫的原住民血缘已经很难查考，从迄今发现的最早的考古证据只能得知大约4000年前已有类似印度河文明的人群在其一些主要的岛屿上活动。有记载的早期移民是沿着海上丝路航行于东非与亚洲间的古代航海家与来自印度西北流域的居民，雅利安人、腓尼基人、埃及人、希腊人、中国人、罗马人、波斯人都在他们的航海日志中留下了关于这个千岛之国的记载：在公元2世纪古希腊学者托勒密首度在著作中提到了斯里兰卡西面有1378个小岛

◤椰树在马尔代夫除了食用功能外。更是主要的建筑材料，是马尔代夫人赖以生存的宝藏。
◥通透的半开放空间，墙壁都是可以拆卸的结构，让人无论白天黑夜都能尽情享受温暖海风和雨林的气息。
◣美丽的海滩安静如伊甸园。
◢高高翘起的多尼船尾仿佛风帆一样引人遐想。

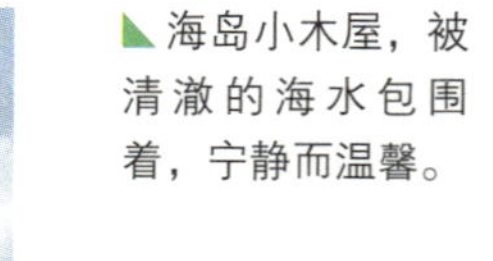

◣海岛小木屋，被清澈的海水包围着，宁静而温馨。

◥仿佛一片大芭蕉叶子的屋顶，原木的结构，浓绿的鸡蛋花树营造出热带风格的经典居所。

◤当星星点点的灯火亮起，世外桃源的夜色融入迷幻沉静的海面，伊甸园也就是这样的景色了。

的地方；9 世纪的波斯商人苏乐姆记载称这里有 1900 个岛屿，统治者财富多不胜数；14 世纪末的亚历山大同样提到了 1370 个相临的岛屿，底比斯人斯卡拉斯特记录了印度马拉巴尔海岸附近有 1000 个小岛，并说那里的磁石海岸会导致铁皮船的触礁沉没；下西洋的郑和在去往东非的航行中也曾经过马尔代夫，往来贸易。

人们在马尔代夫发现过远古自然崇拜的遗迹和一些按照星座排列的太阳神庙废墟，而从迄今为止在很多岛上仍可找到庙宇和佛塔的痕迹可以推测，公元 3 世纪左右，由印度次大陆传入的佛教曾经是马尔代夫比较普遍的信仰；此后众多来自东非和阿拉伯半岛的远航者路过发现了这个非常便利，并且美丽宁静的停泊港，于是便留恋不返定居下来。公元 7 世纪以后，阿拉伯商人把马尔代夫变成了印度洋商业活动的中心，与伊斯兰世界的接触也逐渐频繁起来，公元 1030 年伊斯兰教贤者比鲁尼来到马尔代夫，伊斯兰教逐渐盛行，1116 年苏丹国王达鲁马范塔 · 拉斯盖法努 · 布

拉戈切斯蒂沃戈皈依伊斯兰教，伊斯兰教遂取代佛教而成为国教。统一的苏丹王国延续了 6 个王朝的平静更替后，马尔代夫经历了 15 世纪中叶印度的坎瑙努拉王公的短暂控制、1558 年葡萄牙人的殖民统治、18 世纪的荷兰入侵和 19 世纪沦为英国的保护国，直到 1965 年重新独立，终于恢复了昔日世外桃源般的平和岁月。

因着如此独特的地理位置、自然风貌和历史发展，马尔代夫完美地融合了来自世界各地海上移民所带来的丰富多元的文化传承，尤其以阿拉伯、非洲以及亚洲的影响最大。它优美活跃的鼓曲和舞蹈具有明显的东非烙印，建筑和装饰则处处凸显伊斯兰文化的特色，饮食休闲更是一派南亚

◤鹅卵石是马尔代夫最具特色的装饰元素。

◥鹅卵石拼接出美妙的图案，花朵，贝壳，几何纹样都是最受欢迎的。

◣黑白分明的鹅卵石很有层次感。

◢几何图形的拼接略显庄严。

◣随手拾来的海螺围拢出童话中的浪漫。

◥纯白的空间用色，对比大自然鲜亮的阳光，青翠的花木，碧绿的海水，带来心旷神怡的感受。

◤木材被巧妙地利用在不同的家具上，有着完全不同的韵味，每一处都是别致的心思。

风情，融合在当地朴实、悠闲、知足常乐的生活哲学中，呈现出云起云落般从容自在的海岛风格，令人深深为之着迷。

马尔代夫的建筑装饰之美，在于精神和自然的高度统一。随处可见的清真寺，纯白的颜色，以珊瑚石为主要材料，顶部使用波形铁皮或椰树叶等植物铺盖而成，高耸的尖塔让浪漫自然的岛国风光平添了几分纯净圣洁的气质。而中古时期的苏丹王国为马尔代夫留下了古典的伊斯兰风格建筑，无论是华丽的王宫，还是庄严的清真寺，更是十分的优美，首都马累建于1656年的胡库鲁米斯基星期五清真寺，内外墙壁均用珊瑚石砌成，墙上雕刻着各样的阿拉伯装饰纹样，寺顶和窗户大量使用了柚木、红木和檀香木等热带名贵木材，内部则装饰了大量色彩缤纷的珊瑚雕刻和漆质工艺，非常华丽堂皇，1675年落成的神奇尖塔，上面装饰的古兰经碑文，朱马清真寺白色和天蓝色的柱状塔

楼以及雕饰华美的四围回廊，无论用色、布局和装饰手法都是经典的伊斯兰特色元素。在普通民居方面，则以朴素的平房为主要特点，珊瑚碎石砌墙，椰子树干为梁柱，用树皮树叶编织而成的席子做成屋顶，遍植鲜花的庭院，门窗总被涂成亮丽的蓝色或绿色，在淡金色的阳光照射下，与白色的街道和建筑外墙形成强烈又清爽的对比，与蓝天碧海浑然一体，是海岛生活最美丽的写照。此外，马尔代夫还盛产美丽的手工艺品，灯芯草编织的席子，精美的红、黄、黑三色漆器木罐、木盒，朴拙的金银器皿，珊瑚、珍珠、贝壳制品，珊瑚石和硬木的人物雕像都是当地最受欢迎的装饰单品。

有人说，马尔代夫是一生一定要去的地方之一，这个好客的岛国是全球人的度假圣地，热恋的情侣在那里约会，决定共度一生的男女在那里举行婚礼，忙碌的人在那里寻觅短暂却又宝贵的悠闲时光，疲惫的人在那里找到心灵的

◤细长的白色木条堆叠出整个空间的节奏感。

◥树木贯穿居室，空气暗香浮动。

◣嵌入地面的浴池，有非常的野趣。

◢众多航海的小细节陈设让人时刻感受到印度洋明媚温暖的包围。

◣清爽简洁的现代厨房设备，即便是在无人的小岛上，假期生活依然方便轻松。

◥冷暖对比色，不同肌理之间的大胆使用让人感觉和谐愉快。

◤大量出现的自然材质，把房屋的结构之美完全呈现。

◣喝一杯冷饮，再到躺椅上吹吹海风，时光在这里被遗忘。

宁静和力量。但随着气候的变暖，海水上涨正一点点地淹没着这个美丽的群岛，如果变化的趋势无法被有效地制止或延缓，计算其被淹没的时间恰好差不多还有一百年。

百年之后，或许不会再相见——那么就把握这一刻的美丽：任何一个无人的小岛上，都有为来客预备的家：帐篷一样的高脚木屋，一排排亭亭站立在清澈的浅海上，相互之间有木制的栈桥相连，木门和草顶都可以随时打开或拆卸，瞬间房间就变成了凉亭，屋里简单的四柱传统木床，悬挂轻柔的白色纱幔，面前是碧蓝的大海，身后高高的椰子树，脚边是游来游去的五彩热带鱼，每一天静静地看着太阳升起又落下，直到地老天荒。

图书在版编目（CIP）数据

波斯古韵 / 心安工作室编著．—上海：上海科学技术文献出版社，2017
（寻找生活：环球风格阅览）
ISBN 978-7-5439-7377-0

Ⅰ．①波… Ⅱ．①心… Ⅲ．①室内装饰设计—世界—图集 Ⅳ．① TU238.2-64

中国版本图书馆 CIP 数据核字（2017）第 079601 号

责任编辑：孙 嘉
封面设计：周志英

波斯古韵
心安工作室 编著
出版发行：上海科学技术文献出版社
地 址：上海市长乐路 746 号
邮政编码：200040
经 销：全国新华书店
印 刷：河北环京美印刷有限公司
开 本：650×900 1/16
印 张：13
版 次：2022 年 1 月第 2 次印刷
书 号：ISBN 978-7-5439-7377-0
定 价：58.00 元
http://www.sstlp.com